高职高专特色实训教材

U0317828

# 化工单元操作
## 实训教程

卢中民　段树斌　主编
牛永鑫　主审

化学工业出版社

·北京·

本书是为了适应高职以任务驱动、项目导向的"教、学、做"一体化的教学改革趋势，按照任务描述、任务分析、实训目的、任务实施、考核评价、问题讨论等项目化课程体例格式编写而成。

　　全书内容主要包括管路拆装、流体输送操作、加热操作、吸收操作、精馏操作、萃取操作及塔盘拆装等，并将操作视频以二维码的形式放入书中，读者通过扫码，可随时观看学习。

　　本书可作为职业院校石油、化工类相关专业师生进行化工单元操作实训的参考教材，也可作为技能培训用书。

**图书在版编目 (CIP) 数据**

化工单元操作实训教程/卢中民，段树斌主编. —北京：化学工业
出版社，2018.7（2022.10 重印）
高职高专特色实训教材
ISBN 978-7-122-32184-8

Ⅰ.①化… Ⅱ.①卢…②段… Ⅲ.①化工单元操作-高等职业教
育-教材 Ⅳ.①TQ02

中国版本图书馆 CIP 数据核字（2018）第 106025 号

---

责任编辑：提　岩　王海燕　　　　　　装帧设计：刘丽华
责任校对：王素芹

---

出版发行：化学工业出版社（北京市东城区青年湖南街 13 号　邮政编码 100011）
印　　装：北京科印技术咨询服务有限公司数码印刷分部
787mm×1092mm　1/16　印张 7½　字数 180 千字　2022 年 10 月北京第 1 版第 3 次印刷

---

购书咨询：010-64518888　　　　　　售后服务：010-64518899
网　　址：http://www.cip.com.cn
凡购买本书，如有缺损质量问题，本社销售中心负责调换。

---

定　　价：25.00 元

# 前 言

近些年来，在浙江、天津、秦皇岛等地多家企业生产的实习实训教学设备的有力支撑下，相比于虚拟仿真软件和石化、化工工艺实训装置（如乙酸乙酯、常压蒸馏实训装置）甚至企业现场实际生产装置而言，化工单元操作实训装置集"装置中小型且独立完整、介质价廉易得且操作安全可靠、方便灵活且工期短、可反复运行且坚固耐用"等诸多优势于一身，成为中高职院校甚至普通高校学生理论联系实际、提高实践能力的重要载体，备受师生喜爱。尤其是浙江中控科教仪器设备有限公司的精馏单元装置已连续多年成为"全国职业院校学生化工生产技术（原化工总控工）大赛"指定竞赛装置。为帮助相关院校师生较好地利用此类装置完成教学任务，提升教学质量和教学效果，特编写本书。

本书以"任务驱动"形式编写，内容和深度参照《化工总控工国家职业标准》，结合编者近年来一线化工单元操作实训教学经验，在满足理论与实践相关教学要求的基础上，力图符合企业生产实际。书中各个"任务"是以天津市睿智天成科技发展有限公司和浙江中控科教仪器设备有限公司生产的化工单元操作实训装置为载体，通过模拟车间生产任务设计出来的。重点培养学生对化工单元操作典型装置设备的基本操作技能，突出高职"职"的特性；添加了装置设备效能标定等与实际联系紧密的理论计算，突出高职"高"的特性。此外，编者还精心设计了法兰连接的化工管路拆装和浮阀塔盘拆装两个拓展任务，教师可根据实际情况选择开设。

为方便检验教学效果，参照《常减压蒸馏装置操作工》（中国石油化工集团公司职业技能鉴定指导中心编）技能考核办法，在每一个实训任务后均制定出相应的"考核评分表"，作为实训指导教师组织学生进行分组操作（或竞赛）时的评分依据。为提高对实训车间可能发生的意外伤害的预防和应急能力，编者结合实训车间实际情况，专门编入了实训车间突发安全事故应急预案供参考。此外，全书力求图文并茂，并利用二维码技术，在关键技能点上加入了操作视频，方便读者随时观看学习。

需要说明的是，本书中"任务四 液体精馏操作（一）"是基于天津市睿智天成科技发展有限公司的精馏实训装置编写，"任务五 液体精馏操作（二）"是基于浙江中控科教仪器设备有限公司的大赛版精馏装置编写。

本书由辽宁石化职业技术学院卢中民、段树斌主编，其中，模块一、模块二的任务一～任务四、模块三及附录由卢中民编写，模块二的任务五、任务六由段树斌编写，书中影像视频的编号及摄录工作由李洪林、卢中民、段树斌等负责完成，穆德恒参与了部分编写工作并提供了二维码技术支持。全书由卢中民、段树斌统稿，牛永鑫主审。

在本书编写过程中，中石油锦州石化分公司原橡胶车间肖景林、辽宁石化职业技术学院齐向阳、付丽丽、王壮坤、尤景红、赵若冬等提出了许多宝贵意见，代表辽宁省参加2013年全国职业院校技能大赛（高职组）化工生产技术赛项获奖选手张迪、刘显胜和耿文强为本书提供了精馏操作示范资料（视频），在此一并表示衷心感谢！

由于编者水平所限，书中不足之处在所难免，欢迎广大读者批评指正！

编者
2018 年 5 月

# 目 录

## 模块三　拓展实训项目　64

## 附录 84

## 参考文献 113

# 实训须知

## 【实训课程概要】《《←——

化工单元操作实训是一门可在学生完成了"化工单元操作技术""化工安全技术"等相关课程理论知识的学习之后,为理论联系实际或提高实际操作技能而开设的整周综合实训。本实训也可在"化工单元操作技术"理论课的教学过程中以随堂实训形式开展。

本课程以目前国内普遍使用的典型实训装置为载体,通过设立贴近企业实际的实训任务,引导学生进行流体输送、传热、精馏、吸收、萃取等单元装置设备的开停车及运行过程的规范操作,培养学生对化工单元操作典型设备及单元装置的基本操作技能,为今后操作完整的石化、化工生产装置进行生产打好基础。

### 一、实训车间简介

辽宁石化职业技术学院化工单元操作实训车间建于 2012 年,面积约 500m²,拥有天津市睿智天成科技发展有限公司生产的流体输送、传热、精馏和吸收单元操作实训装置各 2套,浙江中控科教仪器设备有限公司生产的精馏、萃取、管路拆装实训装置各 2 套,如图 0-1 和图 0-2 所示。拥有锦州石化公司捐赠的汽提塔拆装实训装置 1 套(属于连续精馏装置,塔设备为浮阀塔),如图 0-3 所示。

图 0-1　化工单元操作实训车间(一)

该实训车间主要用于安排石油、化工类及相关专业学生的化工单元操作随堂实训、综合实训和认识实习等教学,也可作为"化工单元操作技术"等相关课程的"教学做一体化"教室,可开设流体输送、传热、吸收、精馏、萃取以及管路拆装、塔盘拆装等多个实训项目。

图 0-2 化工单元操作实训车间（二）

图 0-3 汽提塔拆装实训装置

化工单元操作实训系列装置采用了化工技术、自动化控制技术和网络技术的新成果，实现了工厂情景化、操作实际化、控制网络化和故障模拟化设计目标，符合职业教育的特点，体现了健康、安全和环保的理念，能够满足常规教学、培训、竞赛、考证及相关实验研究等的需要。

**二、实训总体目标**

化工单元操作实训是高职高专化工技术类专业必修的、具有工程特点的实训课程，总体目标有以下三方面。

① 理论与实际相结合，训练学生对化工单元操作典型设备的操作技能。在加深学生对"化工单元操作技术"等相关课程理论知识的理解和掌握的同时，更重要的是给学生们提供"看得见、摸得着、动得了"的机会，使他们看到设备不陌生，能做到"知其名、晓用途、懂原理、会操作"。

② 通过组织分组操作竞赛、选配内外操作员及安全员等角色分配的方式完成任务，引导学生树立工程观念及责任意识，培养学生在装置生产过程中应当具备的团结协作精神，以及促使他们自觉养成规范、安全和文明的操作意识等。

③ 通过对实训操作过程中相关数据的采集和处理，可深入了解企业生产过程中装置设备效能的标定方法，引导学生思索讨论，进而提出技改或增效的措施，这不仅能培养学生客观求真的治学态度，还有利于提高学生的创新思维能力。

### 三、安全操作规程

学生进入化工单元操作实训车间前，须进行安全教育并通过考核。安全教育的主要内容应包含《实训基地安全管理规定》《实训室管理规定》《学生实训守则》和《化工单元操作实训车间安全规程》（附后）等。实训操作前，要认真预习本教材相关内容，经指导教师指导和允许后，方可动手操作。实训操作中态度要端正，实事求是，做到安全第一、文明实训。整周综合实训结束后，要编写实训报告（报告格式参照本模块"六、实训报告模板"）并按时上交。

#### 化工单元操作实训车间安全规程

① 学生进入实训车间前，应进行安全消防知识教育，否则不得进入。

② 严禁携带易燃易爆物品进入实训车间，更不允许在实训车间内吸烟和未经允许动火。

③ 学生进实训车间前，必须穿工作服，戴安全帽，不许穿高跟鞋。

④ 用电设备开启前，应先检查控制柜仪表、分路电源是否都处在关闭状态和无人作业状态，否则不能送电。

⑤ 装置实施操作必须 2 人以上方可进行，必须进行相互监护。

⑥ 单套实训装置二楼平台一次停留人数不得超过 3 人，且不许在二楼平台跑、跳（尤其注意吸收装置的玻璃塔体）。

⑦ 严禁在车间内戏闹、喧哗和倚靠装置、护栏闲聊。

⑧ 配制乙醇物料搅拌时，不得使用易产生火花的搅拌器。

⑨ 开启钢瓶阀及调压时，人不能站在气体出口的前方，以防高压气体冲出伤人。

⑩ 在开启和使用蒸汽时，人不能站在热空气、蒸汽以及疏水器、安全阀和放空阀的出口处，以免烫伤。

⑪ 开启抽真空所用离心泵前，应检查出口阀是否处在关闭状态，以免产生较大震动和噪声或烧毁电机。

⑫ 未经允许禁止开启和拆卸任何设备（特别注意流体输送装置操作台上的启动按钮）。

⑬ 每次实训后，将装置的所有设备及阀门恢复到初始状态。

⑭ 保持车间环境卫生，不许在车间内吃零食、乱扔杂物和乱放其他物品，禁止私自插接其他用电设备。

⑮ 对各装置所属设备进行日常维护和保养，确保设备良好运行。

⑯ 每天下班前检查水、电、门窗是否处在关闭状态。

⑰ 对原料及产品要有专人管理，并规定存放地点。

⑱ 消防器材落实到人，外单位人员未经允许不得随便进入车间。

#### 四、车间应急预案

1. 编制目的

为确保实训场所突发事故时受伤人员得到及时救治，防止和控制事故的蔓延，减少环境污染，使事故损失降到最低，特制定本应急预案。

2. 应急预案领导小组及职责

来实训车间上课的班级成立临时应急预案领导小组，该小组的成员及主要职责如下。

（1）组长

实训指导教师_____（电话_____）、_____（电话_____）。

（2）领导小组成员

班长_____（电话_____）、第一小组组长_____（电话_____）、第二小组组长_____（电话_____）、第三小组组长_____（电话_____）、第四小组组长_____（电话_____）。

（3）领导小组主要职责

① 领导小组保证安全保障规章制度，即《实训基地安全管理规定》、《实训室管理规定》、《学生实训守则》、《化工单元操作实训车间安全规程》及各项实训具体安全要点等的有效实施。

② 领导小组组长（实训指导教师）负责每次实训操作前向全体学生详细讲解实训安全注意事项，学生确认了解后，由领导小组成员（班长和各小组组长）代替全体学生签字，代表全体学生已知晓该项目实训安全注意事项。

③ 组织安全检查，及时消除安全事故隐患。

④ 组织实施安全事故应急预案。

⑤ 负责现场急救的指挥工作。

⑥ 及时、准确地向上级主管和医疗急救机构报告安全事故（具体联系电话_____）。

3. 危险因素分析

本书所涉及的操作中将会用到乙醇、液态二氧化碳、水蒸气、苯甲酸、煤油等介质以及离心泵等动设备，还会攀爬至十几米高的塔设备上作业，涉及化工行业的易燃易爆、高温高压、有毒有害、高转速、高空作业等危险因素，因此安全问题至关重要！现将各实训任务中有可能遇到的具体危害分析如下。

① 实训车间精馏装置处理物系为乙醇水溶液，萃取装置中使用煤油，操作过程中设备敞口，乙醇、煤油挥发，会造成环境中乙醇或煤油浓度过高，容易产生火灾、爆炸。

精馏实训用到以氢气为载气的气相色谱仪，氢气在主控室密闭空间如不及时导走至安全处，易产生爆炸。

② 学生在操作动设备（如真空喷射用离心泵）时，由于不遵守设备安全操作规程或擅自进行盘车等接触转动部件操作易造成人身伤害（机械伤害），其中最容易受伤的部位是手部。

学生在管路拆装实训中用到笨重或尖锐工具、较大型管路系统零部件等，易在使用或搬运过程中发生碰伤或砸伤事故。

③ 萃取实训中用到苯甲酸，该物质有毒、有害、具有刺激性，使用中易因不慎发生中毒、化学品飞溅入眼等事故。

④ 吸收实训用到二氧化碳高压气体钢瓶，有发生窒息、高压气体伤人、冻伤等的可能性。传热实训用到高温水蒸气（超过100℃），有烫伤的可能性。

⑤ 所有实训装置均用电，主要设备有操作控制台、动设备、电加热系统、计算机等，有触电的可能性。

⑥ 塔盘拆装实训涉及高空作业，有人员跌落或高空坠物的可能性。

4. 实训车间急救箱和设施的配备与管理

急救箱的配备应以简单、适用为原则，保证现场急救的基本需要，并可根据不同情况予以增减，定期检查补充，确保随时可供急救使用。每次实训操作前，均应将急救箱取出，并置于操作现场附近备用。急救箱内的配备如下。

（1）器械敷料类

体温计 1 支（发热情况必备，腋测法）、止血带 2 根（如手指粗的胶皮管，长 50～60cm）、固定夹板 2～3 块（用胶合板或其他硬板制成）、镊子 1 把、剪刀 1 把、脱脂棉花、纱布等各若干（用来止血、包扎）、绷带 3 卷、胶布、创可贴等各若干。

（2）药品类

75％酒精 1 瓶、2％碘酒 1 瓶、云南白药 1 支（消炎及止血）、布洛芬 1 支（镇痛）、京万红 1 支（烫伤）。

除急救箱外，化工单元操作实训车间（二）还配备了洗眼器（含淋浴功能）。

5. 电话报救须知

救护电话为急救电话"120"。拨打电话时要尽量说清楚以下几件事：

① 说明伤情和已经采取的措施，让救护人员能事先做好急救的准备；

② 讲清楚伤者所在的具体位置，附近的地理位置特征或知名建筑、单位等；

③ 说明报救者单位、姓名和电话。

打完电话后，应派人到相应地点等候接应救护车，同时及时清除救护车驶入路上的障碍物，便于救护车进行抢救。

6. 应急措施

（1）火灾（精馏装置——乙醇、萃取装置——煤油等）

① 发现火情，现场工作人员应立即采取措施处理，防止火势蔓延并迅速报告。

② 确定火灾发生的位置，判断出火灾发生的原因，如压缩气体、液化气体、易燃液体、易燃物品、自燃物品等。

③ 明确火灾周围环境，判断是否有重大危险源分布及次生灾难发生的可能性。

④ 明确救火的基本方法，并采取相应措施，按照应急处置程序采用适当的消防器材进行扑救。易燃可燃液体、易燃气体和油脂类等化学药品火灾，使用大剂量泡沫灭火剂、干粉灭火剂将液体火灾扑灭；带电电气设备火灾，应切断电源后再灭火，因现场情况及其他原因不能断电，需要带电灭火时，应使用沙子或干粉灭火器，不能使用泡沫灭火器或水。

⑤ 视火情拨打"119"报警求救，并到明显位置引导消防车。

（2）爆炸（精馏实训——乙醇、氢气；萃取实训——煤油等）

① 实训室爆炸发生时，实训室负责人或指导老师在其认为安全的情况下必须及时切断电源和管道阀门。

② 所有人员应听从临时召集人的安排，有组织地通过安全出口或用其他方法迅速撤离爆炸现场。

③ 应急预案领导小组负责安排抢救工作和人员安置工作。

（3）中毒（萃取装置——苯甲酸、煤油；精馏装置——乙醇等）

实训中若感觉咽喉灼痛、嘴唇脱色或发绀（读 gàn，红青，微带红的黑色），出现胃部痉挛或恶心呕吐等症状时，则可能是中毒所致。视中毒原因施以下述急救后，立即送医院治疗，不得延误。

① 首先将中毒者转移到安全地带，解开领扣，使其呼吸通畅，让中毒者呼吸到新鲜空气。

② 误服毒物中毒者，须立即引吐、洗胃及导泻，患者清醒而又合作，宜饮大量清水引吐，亦可用药物引吐。对引吐效果不好或昏迷者，应立即送医院用胃管洗胃。

③ 吸入刺激性气体中毒者，应立即将患者转移离开中毒现场至空气新鲜处，保持呼吸道通畅。如呼吸困难，立即送医。如呼吸停止，立即进行人工呼吸，同时打急救电话"120"接替救治。

（4）化学品溅入眼内（萃取装置——苯甲酸等）

不要急于送医院，在现场用大量的水冲洗（可用实训车间内的专用洗眼器），也可将面部浸入水中，连续做睁眼和闭眼动作，同时拉开眼皮并摇头，使化学物质充分稀释和清洗掉。经上述处理后送医院抢救治疗。

（5）触电（实训室电柜、配电箱等；各装置——操作台、电机、电加热系统等）

① 触电急救的原则是在现场采取积极措施保护伤员生命。

② 触电急救，首先要使触电者迅速脱离电源，越快越好，触电者未脱离电源前，救护人员不准用手直接触及伤员。使伤者脱离电源方法有：a. 切断电源开关；b. 若电源开关较远，可用干燥的木棒、竹竿等挑开触电者身上的电线或带电设备；c. 可用几层干燥的衣服将手包住，或者站在干燥的木板上，拉触电者的衣服，使其脱离电源。

③ 触电者脱离电源后，应检查其神志是否清醒。神志清醒者，应使其就地躺平，严密观察，暂时不要站立或走动；如神志不清，应就地仰面躺平，且确保气道通畅，并于5s时间间隔呼叫伤员或轻拍其肩膀，以判定伤员是否意识丧失。禁止摇动伤员头部呼叫伤员。

④ 立即就地坚持用人工心肺复苏法正确抢救，并打急救电话"120"接替救治。

（6）机械伤害（流体输送、管路拆装、塔盘拆装实训等）

一旦发生机械伤害事故，发现人要将信息迅速报告给现场实训指导教师。相关人员接报后应立即前往事故发生地查看事故发生情况，了解受伤人员情况。受伤人员伤情较严重时，立即拨打"120"，同时进行现场急救。并通知单位负责人及相关人员。护送伤员的人员，应向医生详细介绍受伤经过。如受伤时间、地点，受伤时受力的大小，现场场地情况等。

（7）冻伤（吸收实训）

目前认为最有效的冻伤急救处理方法是局部尚处于冻结状态时的温水快速复温法。水温保持40～42℃为宜，持续到冻区软化，皮肤和甲床转红即可。快速复温时疼痛剧烈（应给镇痛药），复温后较早出现水泡，肿胀更明显，但愈后较佳。民间仍流行用雪搓、冷水浸泡和火烤等方法，但这些方法不利于复温及其后的病程发展，有害无益。冻伤病人应尽快撤离寒冷环境，给以热饮、患部保暖。若无温水复温条件可将患部置于自身或他人暖和体部进行复温。

（8）烫伤（传热、精馏实训）

烫伤时首先不要惊慌，也不要急于脱掉贴身单薄的诸如汗衫、丝袜之类衣服，应迅速用冷水冲洗，待冷却后才可小心地将贴身衣服脱去，以免撕破烫伤后形成的水泡。冷水冲洗的目的是止痛、减少渗出和肿胀，从而避免或减少水泡形成。冲洗时间应为半小时以上，以停止冲洗时不感到疼痛为止。一般水温约20℃即可，切忌用冰水，以免冻伤。如果烫伤在手指，也可用冷水浸浴。面部等不能冲洗或浸浴的部位可用冷敷。冷水处理后把创面拭干，然后薄薄地涂些蓝油烃、京万红等油膏类药物，再适当包扎1～2d，以防止起水泡。但面部只能暴露，不必包扎。如有水泡形成可用消毒针筒抽吸或剪个小孔放出水液即可；如水泡已破则用消毒棉球拭干，以保持干燥，不能使水液积聚成块。如烫伤1～2个手指也可用简单的方法——浸入酱油内，即用一小杯酱油将手指浸入，约半小时即可止痛，且不起水泡。烫伤后切忌用紫药水或红汞涂擦，以免影响观察伤后创面的变化。大面积或严重的烫伤经一般紧急护理后应立即送医院（烧伤科或者外科）！

烫伤紧急处理五步骤如下。

① 用水冷却烫伤部位（10～15min），直到没有痛与热的感觉。

② 烫伤部位被粘住了，不可硬脱下来。可以一边浇水，一边用剪刀小心剪开。

③ 烫伤范围过大时，可全身浸泡在浴缸中（冬天除外），若发生颤抖现象，应立刻停止冷却。

④ 冷却后，用干净的纱布轻轻盖住烫伤部位。如有水泡，不可压破，以免引起感染。

⑤ 勿在大面积烫伤的部位涂味精、酱油等，宜尽快送医救治。

7. 实训车间安全逃生路线

实训车间地面均施划规范、色彩鲜明的消防通道线（见图 0-1 和图 0-2），并在出口处设有疏散应急指示照明灯。注意保持车间整洁有序，师生背包、听课凳等所有物品在合理的位置摆放，保持消防通道及出口畅通，如遇紧急情况须快速撤离时，必须保持头脑清醒，服从统一指挥，根据疏散标志沿消防通道有序撤离险区，安全逃生。

**五、实训考核标准**

此标准主要适用于整周综合实训环节（以精馏单元两周实训为例）。

1. 成绩评定等级

成绩按优秀、良好、中等、及格、不及格共 5 个等级评定，见表 0-1。

表 0-1　成绩评定等级

| 等级 | 不及格 | 及格 | 中等 | 良好 | 优秀 |
|------|--------|------|------|------|------|
| 分数 | 0～59 | 60～69 | 70～79 | 80～89 | 90～100 |

2. 考核内容及权重配分

表 0-2 为具体的考核内容及权重配分情况。

表 0-2　考核内容及权重配分

| 项目 | 评　价 | 分数 |
|------|--------|------|
| 纪律、考勤<br>（15分） | 实训认真；纪律好；出全勤。（12～15 分） | |
| | 实训认真；纪律好；有事履行请假手续，请假不超过全勤的 1/9，无迟到早退。（9～12 分） | |
| | 实训认真；纪律好；有事履行请假手续，请假不超过全勤的 2/9，迟到早退 1 次或以下。（6～9 分） | |
| | 缺课介于全勤的 1/3～2/9，但未达到 1/3，迟到早退 2 次或以下。（3～6 分） | |
| | 缺课达到全勤的 1/3 或虽未达到 1/3 但有下列情形之一：①不遵守实训纪律；②实训不认真；③累计 3 次或以上迟到早退。（0～3 分） | |
| 操作技能<br>（35分） | 熟悉工艺流程、主要设备和仪表，掌握开停车步骤，能履行班长或主控岗职责，完成装置开车、停车操作，控制装置稳定运行，产出合格产品。（28～35 分） | |
| | 熟悉工艺流程、主要设备和仪表，掌握开停车步骤，能全面履行外操岗职责，配合主控岗完成装置开车、停车操作，控制装置稳定运行，产出合格产品。（21～28 分） | |
| | 能部分履行外操岗职责，完成局部或单体设备仪表阀门开关、调节流量、巡检等任务，控制装置稳定运行，产出合格产品。（14～21 分） | |
| | 实训操作技能较差但无不规范行为。（7～14 分） | |
| | 实训操作中有不规范行为。（0～7 分） | |

续表

| 项目 | 评　价 | 分数 |
|------|--------|------|
| 实训报告<br>（20分） | 格式正确,书写工整,内容完整,图表规范,总结深入。（16～20分） | |
| | 格式正确,书写工整,内容完整,图表规范,总结较深入。（12～16分） | |
| | 上述五方面有两个评价为"一般"。（8～12分） | |
| | 上述五方面有三个评价为"一般"。（4～8分） | |
| | 上述五方面有三个以上评价为"一般";或未按时完成并上交实训报告。（0～4分） | |
| 考核提问<br>（30分） | 知识掌握扎实,操作技能较高,有一定的理论联系实际能力。（24～30分） | |
| | 知识掌握扎实,操作技能较高,理论联系实际能力一般。（18～24分） | |
| | 操作技能较高,理论知识掌握一般。（12～18分） | |
| | 操作技能一般,理论知识掌握较差。（6～12分） | |
| | 操作技能较差,理论知识掌握较差。（0～6分） | |
| 总评 | | |

**3. 考核形式**

可根据实际情况选择采用口试、实操或笔试等形式进行考核。实操考核时可参照每个任务相应的"考核评分表"来评分。

**六、实训报告模板**

整周、综合实训结束后,学生可按以下模板编写实训报告。

**实训报告模板**

一、实训目的

二、基本原理（或基本知识技能）

三、安全要点

四、装置流程

五、操作步骤

六、数据整理（或管道布置图）

七、总结体会

（字数要求：至少 1500 字）

实训体会可按以下问题展开：

① 巩固了哪些学过的化工单元操作技术的理论知识？还有哪些知识点没有掌握？

② 练会了哪些操作技能？还有哪些没有练会？

③ 从实际操作中获得了什么经验？有什么教训？

④ 安全、环保、节能降耗方面有什么心得？

⑤ 在团队合作方面有什么心得？

⑥ 实训过程中有什么新发现？有哪些值得改进的地方？

⑦ 其他经验或体会。

模块二

# 化工单元操作实训项目

【内容提要与训练目标】 <<←

本模块主要讲述化工单元操作典型设备及单元装置的基本操作方法，单元操作主要包括流体输送、传热、吸收、精馏和萃取等。

总的目标是对上述化工单元操作常见典型设备达到"四懂"——懂结构、懂原理、懂性能、懂用途；基本达到"三会"中的"一会"——会使用，学习另"两会"——会维护保养和会排除故障。

具体要求如下：

① 能阐述典型化工单元设备的结构、原理、性能、用途；

② 能阐述并进行典型设备及单元装置的开停车及运行规范操作（方法）；

③ 能使用单元设备及装置完成相应生产任务并进行相应设备效能的标定。

# 任务一　流体输送操作

【任务描述】 <<←

利用离心泵 2 将水槽里的水输送至反应釜内的视频可通过扫描二维码 M1-1 观看。

M1-1

① 生产要求将装置现场水槽里的水送到反应釜内，要求流量稳定，并使反应釜内水的液位保持在 $450 \sim 500\,\mathrm{mm}$ 范围内持续 $5\,\mathrm{min}$，此过程要求用到装置配备的自动控制系统进行反应釜出口流量调节，再用真空抽送方式继续建立反应釜内水位至 $(550 \pm 10)\,\mathrm{mm}$ 后停止操作。

② 要求对离心泵 1 操作条件下的性能进行标定，并提出技改措施。

图 1-1 为流体输送操作装置。

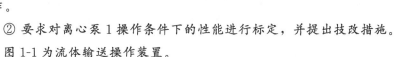

图 1-1　流体输送操作装置

## 【任务分析】 ‹‹←—

① 操作者须会正确查、改流程，并熟悉离心泵及相关仪表阀门等的操作方法。

② 根据任务描述及装置现场实际情况，为了达到反应釜内液位的稳定，可以采用离心泵 2 输入，同时离心泵 1 输出的方法来实现；再用真空喷射泵完成后续任务。操作者须熟悉离心泵、真空喷射泵的工作原理，并会操作。

③ 标定离心泵 1 的性能，实际上是在离心泵 1 运行中根据有关公式采集数据，计算其主要性能参数（扬程、效率等），并做出性能曲线图加以分析。

## 【实训目的】 ‹‹←—

① 能阐述离心泵、真空喷射泵的工作原理。

② 能根据任务要求正确查、改流程。

③ 能识别和正确开关常见阀门。

④ 能识别离心泵各部件，并能正确操作离心泵。

⑤ 能根据实际情况合理运用不同方式完成流体输送任务。

⑥ 能对离心泵进行性能标定。

## 【任务实施】 ‹‹←—

### 一、背画工艺流程图，分析工艺原理

流体输送操作装置工艺流程图如图 1-2 所示。要求学生能画出不同任务对应的局部流程图。

### 二、背画离心泵和真空喷射泵结构图，分析工作原理

略。

### 三、填写离心泵性能标定原理

离心泵主要性能参数为____、____、____、_____等。在一定的型号和转速下，离心泵的____、____、____均随____而改变。操作中测出 $H\text{-}Q$、$N\text{-}Q$ 及 $\eta\text{-}Q$ 关系，并作出特性曲线。特性曲线是确定泵的_____和_____的重要依据，也可用于标定泵的性能。

1. 扬程 $H$ 的测定

在离心泵 1 的吸入口和排出口（即真空表和压力表）之间列_____方程。

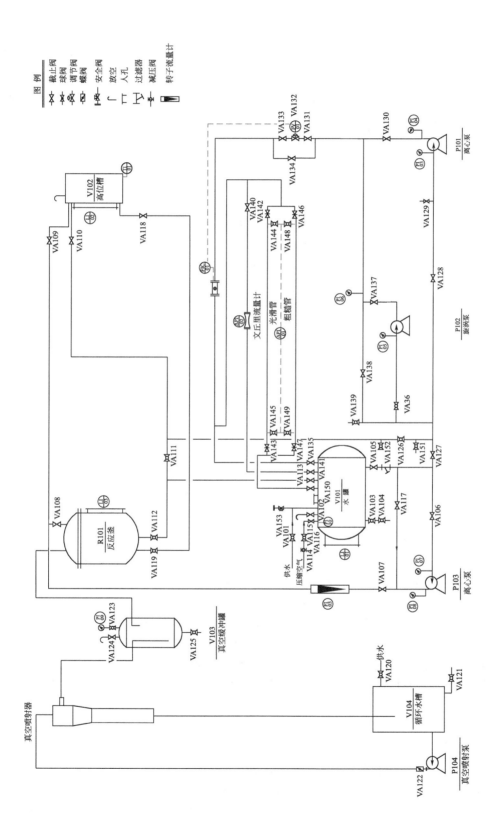

图 1-2 流体输送操作装置工艺流程图

$$Z_\text{入}+\frac{P_\text{入}}{\rho g}+\frac{u_\text{入}^2}{2g}+H=Z_\text{出}+\frac{P_\text{出}}{\rho g}+\frac{u_\text{出}^2}{2g}+H_{f\text{入}-\text{出}} \tag{1}$$

$$H=(Z_\text{出}-Z_\text{入})+\frac{P_\text{出}-P_\text{入}}{\rho g}+\frac{u_\text{出}^2-u_\text{入}^2}{2g}+H_{f\text{入}-\text{出}} \tag{2}$$

式中 $H_{f\text{入}-\text{出}}$ 是泵的吸入口和压出口之间管路内的_____，当所选的两截面很接近泵体时，与方程中其他项相比，$H_{f\text{入}-\text{出}}$ 值很小，故可忽略。而离心泵1进出口管线直径相同，即 $u_\text{入}=u_\text{出}$，故 $\dfrac{u_\text{出}^2-u_\text{入}^2}{2g}$ 项为零。于是式(2)变为：

$$(\qquad\qquad\qquad\qquad\qquad\qquad) \tag{3}$$

将测得的 ($Z_\text{出}-Z_\text{入}$) 和 ($P_\text{出}-P_\text{入}$) 的值代入式(3)即可求得 $H$ 的值。

2.轴功率 $N$ 的测定

功率表测得的功率为电动机的输入功率。由于泵由电动机直接带动，传动效率可视为1.0，所以电动机的输出功率等于泵的轴功率。即：

泵的轴功率 $N=$ 电动机的输出功率，kW

电动机的输出功率＝电动机的输入功率×电动机的效率，kW

泵的轴功率 $N=$ 功率表的读数×_____，kW

3.效率 $\eta$ 的测定

效率 $\eta$ 的计算公式为

$$\eta=\frac{Ne}{N}\quad(\text{其中 } Ne=\frac{HQ\rho g}{1000}=\frac{HQ\rho}{102}\text{kW}) \tag{4}$$

式中　$\eta$——泵的效率；

　　　$N$——泵的轴功率，kW；

　　　$Ne$——泵的有效功率，kW；

　　　$H$——泵的扬程，m；

　　　$Q$——泵的流量，m³/h；

　　　$\rho$——被测流体的密度，kg/m³。

**四、填写安全要点**

① 为防止____设备伤人，禁止在控制台未送电时或未经指导教师允许就随意按下启动按钮；按启动按钮之前，必须检查附近是否有无关人员逗留或有人正与设备接触（如盘车）；____设备运行中，严禁贴近、碰触转动部件。

② 真空抽送时，真空缓冲罐真空表读数不得____0.04MPa；利用压缩空气压送液体时，水槽压力表示值不得____0.1MPa，防止设备内压力过高或过低出现危险。

③ 离心泵启动前须灌泵，以防止____现象；离心泵须____出口阀启动，防止启动电流过大烧毁____。离心泵启动前须盘车，主要避免因卡涩等造成启动电流过大而烧毁____。离心泵停泵前须____出口阀，防止出口管路液体倒流打坏叶轮。

**五、实际操作**

1.反应釜液位稳定

(1)设备仪表阀门状态及公用工程常规检查

现场相关设备和仪表都处于完好备用状态；水槽内液位在 1/3～2/3 处，反应釜内无液位，方形水箱内液位在 1/3～2/3 处；水槽、真空缓冲罐放空阀、真空表引阀、气动调节阀前置阀、后置阀全开，其他阀门处于关闭状态。空压机已启动，气动阀所需仪表风正常。

（2）离心泵启动前的准备工作

离心泵启动前的准备工作视频可通过扫描二维码 M1-2 观看。

① 检查真空喷射用离心泵的润滑油油位是否合适，如有乳化现象应及时更换。

② 离心泵启动前须盘车。用手按泵的运转方向转动联轴器，检查是否转动灵活，有无摩擦声音。盘车操作时必须确保装置未送电。

M1-2

③ 离心泵启动前须灌泵。灌泵时，打开离心泵入口管线各阀门、离心泵出口排气阀。灌泵结束，关闭离心泵出口阀。

注意：此任务中，离心泵 1 入口管线起点为反应釜底出料阀。

离心泵各部件如图 1-3 所示。

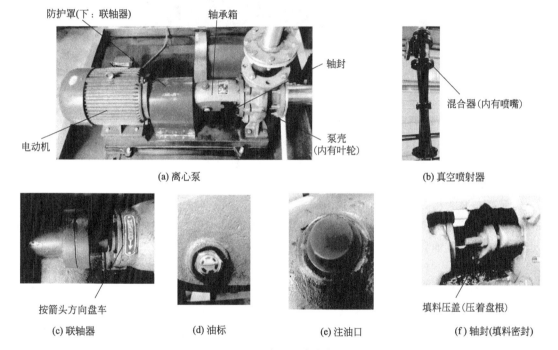

图 1-3 离心泵各部件

（3）改通流程

正确查改各相关流程，改通流程时做到：从头开始、注意支路、检查放空。改通流程的三个要点如图 1-4 所示。

灌泵时已将离心泵输送操作流程相关阀门改通。

（4）启动离心泵 2 向反应釜送料

启动离心泵 2 向反应釜送料的视频可通过扫描二维码 M1-3 观看。

M1-3

确保离心泵 2 出口阀为关闭状态后，按下离心泵 2 启动按钮启动离心泵 2，观察离心泵 2 出口压力表指示不低于 0.1MPa，且读数稳定，无其他异常现象，缓慢打开离心泵 2 出口阀，使转子流量计示值稳定在适当数值。观察反应釜液位是否有变化，并按要求输送或维持到适当液位。

图 1-4　改通流程的三个要点

注意：输送过程中要注意监视反应釜液位，并提前改好离心泵 1 输出流程，做好离心泵 1 启动准备，及时启动离心泵 1，防止反应釜内液位迅速超过指定液位；离心泵运行时，要注意检查泵、电机运行是否平稳无杂音；检查压力表等指示是否正常、稳定。离心泵开车前的盘车、润滑油检查等操作详见"真空抽送"部分，此处略。

（5）启动离心泵 1，反应釜出料

确保离心泵 1 出口阀关闭后，按下离心泵 1 启动按钮，按下离心泵 1 变频器控制面板的 run/stop 键（须在 50Hz 下）启动离心泵 1，观察离心泵 1 出口压力表指示不低于 0.1MPa，且读数稳定，无其他异常现象，在仪电控制台流量控制仪表 sv 窗口设定适当流量数值（详见附录三 2. 自动控制仪表的设定或修改设定值的方法），缓慢打开离心泵 1 出口阀，观察流量控制仪表 pv 窗口流量是否有变化。

（6）调节反应釜液位到指定液位

根据反应釜液位变化情况，适当调节离心泵 1、2 流量，维持物料平衡，使反应釜液位保持在 450～500mm 范围内，持续 5min。

（7）规范停泵

规范停泵的视频可通过扫描二维码 M1-4 观看。

① 离心泵 1、2 同时降量停车，以防止液位较大波动。

② 离心泵 1 停车时，先关闭出口阀，将流量设定值归零，再按下变频器 run/stop 键，然后按下停止启动按钮停泵。

M1-4

③ 离心泵 2 停车时，先关闭出口阀，再按下停止启动按钮停泵。

④ 将相关阀门归为初始状态。

2. 真空抽送

（1）人员分工准备到位

控制台岗、蝶阀岗、真空度岗、流量计岗各安排 1 名操作员做好操作准备。岗位分工如

(a) 控制台岗

蝶阀
放空阀
(b) 蝶阀岗

(c) 真空度岗

流量计入口阀
(d) 流量计岗

图 1-5　岗位分工

图 1-5 所示。

（2）开车运行

确保主流程正确改通（打开水槽底出口总阀、离心泵 2 入口旁路阀、反应釜顶入口阀；检查放空阀）、离心泵启动前准备工作已完成、离心泵出口蝶阀关闭且联轴器防护罩已扣好，控制台岗操作员按下真空喷射泵按钮启动离心泵，当泵运转正常时，蝶阀岗操作员缓慢打开泵出口蝶阀。当有大量水从喷射泵出口喷回方形水箱时，真空度岗操作员缓缓关小真空缓冲罐放空，观察真空表示值是否变大。当真空表示值上升至 0.02～0.04MPa 时，流量计岗操作员试着缓慢打开转子流量计入口阀，看是否有流量，并将流量调至适当值。观察反应釜液位是否有变化，并按要求输送或维持到指定液位。

注意：真空表示值不要超过 0.04MPa；离心泵启动后，出口阀门关闭状态一般不要超过 3min；真空抽送过程中，无关人员不要靠近运转设备。离心泵运行时，要注意检查泵、电机运行是否平稳无杂音；检查轴封泄漏量以_____滴/min 的均匀成滴泄漏为宜，没有发热现象；检查润滑油液位及质量是否合格。

（3）停车操作

按与开车运行操作步骤相反的顺序完成真空抽送停车操作。将所有阀门归为初始状态。

3. 离心泵 1 性能标定

（1）采集数据

确保离心泵 1 出口第一道阀门关闭后，按下离心泵 1 电源开关按钮、离心泵 1 变频器控制面板的 run/stop 键（须在 50Hz 下）启动离心泵，无其他异常现象，记录第一组零流量下对应的数据（见表 1-1），缓慢全开离心泵 1 出口第一道阀门（启动后至此步骤间隔不超过 3min），将控制台流量控制仪表设定值设为 8m³/h（详见附录三 2.自动控制仪表的设定或修改设定值的方法），待示值稳定后记录第二组最大流量下对应的数据。在离心泵 1 最大与最小流量范围内，均匀找出其他 6～8 个流量点，按流量由大到小的顺序依次设定，稳定后记录各流量下的对应数据。数据采集完毕，关闭离心泵 1 出口第一道阀门，并将流量设定值归零，按离心泵 1 变频器控制面板的 run/stop 键和离心泵 1 电源开关按钮停泵，将所有阀门归为初始状态。

（2）数据整理

根据采集数据代入相应公式计算出离心泵 1 的扬程 $H$、轴功率 $N$ 及效率 $\eta$（填入

表 1-2），然后在直角坐标纸上画出 $H\text{-}Q$、$N\text{-}Q$ 及 $\eta Q$ 之间的关系曲线，找出最高效率点和最佳工作区，分析离心泵 1 在实训条件下的性能，提出技改措施。

表 1-1 流体输送操作数据记录表

| 序号 | 流量 $Q/(\text{m}^3/\text{h})$ | 入口真空度 $P/\text{MPa}$ | 出口压强 $P_{出}/\text{MPa}$ | 轴功率 $N/\text{kW}$ |
|---|---|---|---|---|
| 1 | | | | |
| 2 | | | | |
| 3 | | | | |
| 4 | | | | |
| 5 | | | | |
| 6 | | | | |
| 7 | | | | |
| 8 | | | | |
| 9 | | | | |
| 10 | | | | |

表 1-2 流体输送操作数据整理表

| 序号 | 流量 $Q/(\text{m}^3/\text{h})$ | 扬程 $H/\text{m}$ | 轴功率 $N/\text{kW}$ | 效率 $\eta/\%$ |
|---|---|---|---|---|
| 1 | | | | |
| 2 | | | | |
| 3 | | | | |
| 4 | | | | |
| 5 | | | | |
| 6 | | | | |
| 7 | | | | |
| 8 | | | | |
| 9 | | | | |
| 10 | | | | |

## 【考核评价】 <<<—

根据学生完成任务情况，填写表 1-3 和表 1-4。

表 1-3　离心泵输送操作考核评分表

（考核时间：20min）

| 序号 | 考核内容 | 考核要点 | 配分 | 评分标准 | 检测结果 | 扣分 | 得分 | 备注 |
|---|---|---|---|---|---|---|---|---|
| 1 | 准备工作 | 穿戴劳保用品 | 3 | 未穿戴整齐扣3分 | | | | |
| 2 | | 人员分工等准备 | 2 | 分工不明确扣2分 | | | | |
| 3 | 操作程序 | 检查现场相关设备、仪表和控制台仪电系统是否完好备用 | 3 | 漏查1项扣1分 | | | | |
| 4 | | 检查水槽内液位是否在1/3~2/3处，反应釜是否无液位 | 2 | 漏查1项扣1分 | | | | |
| 5 | | 检查水槽放空阀、真空缓冲罐放空阀和真空表阀是否全开，其他阀门是否处于关闭状态 | 10 | 漏查1道阀门扣1分 | | | | |
| 6 | | 灌泵（改通离心泵2进出口流程） | 20 | 灌泵不合格扣20分 | | | | |
| 7 | | 关闭离心泵2出口阀，启动离心泵2 | 20 | 未关闭出口阀启动扣20分 | | | | |
| 8 | | 检查泵运转有无异常 | 3 | 未检查扣3分 | | | | |
| 9 | | 检查泵出口压力达规定值 | 10 | 未检查扣10分 | | | | |
| 10 | | 打开离心泵2出口阀，调节流量 | 5 | 不按要求操作扣1~5分 | | | | |
| 11 | | 检查畅通情况 | 2 | 未检查扣2分 | | | | |
| 12 | | 先关出口阀，停泵 | 10 | 不按要求停泵扣10分 | | | | |
| 13 | | 反应釜内液位达要求范围内 | 5 | 每超出范围10mm扣2分 | | | | |
| 14 | | 将阀门等归为初始状态 | 3 | 漏1道阀门扣1分 | | | | |
| 15 | | 停仪表电源开关，停总电源开关 | 2 | 漏1个开关扣1分 | | | | |
| 16 | 安全及其他 | 按国家法规或有关规定 | | 违规一次总分扣5分；严重违规停止操作，总分为零分 | | | | |
| 17 | | 在规定时间内完成操作 | | 每超时1min总分扣5分，超时3min停止操作 | | | | |

表 1-4　真空抽送操作考核评分表

（考核时间：30min）

| 序号 | 考核内容 | 考核要点 | 配分 | 评分标准 | 检测结果 | 扣分 | 得分 | 备注 |
|---|---|---|---|---|---|---|---|---|
| 1 | 准备工作 | 穿戴劳保用品 | 3 | 未穿戴整齐扣3分 | | | | |
| 2 | | 人员分工等准备 | 2 | 分工不明确扣2分 | | | | |
| 3 | 操作程序 | 检查现场相关设备、仪表和控制台仪电系统是否完好备用 | 3 | 漏查1项扣1分 | | | | |
| 4 | | 检查水槽及方形水箱内液位是否在1/3~2/3处，反应釜是否无液位 | 3 | 漏查1项扣1分 | | | | |
| 5 | | 检查水槽放空阀、真空缓冲罐放空阀和真空表阀是否全开，其他阀门是否处于关闭状态 | 5 | 漏查1道阀门扣1分 | | | | |
| 6 | | 检查机油（真空喷射用离心泵，下同） | 5 | 未检查机油扣5分 | | | | |
| 7 | | 盘车 | 5 | 未盘车扣5分 | | | | |

| 序号 | 考核内容 | 考核要点 | 配分 | 评分标准 | 检测结果 | 扣分 | 得分 | 备注 |
|---|---|---|---|---|---|---|---|---|
| 8 | | 灌泵 | 5 | 未灌泵扣5分 | | | | |
| 9 | | 打开水槽底出口总阀、离心泵2旁路阀、反应釜顶入口阀 | 10 | 未改好流程扣10分 | | | | |
| 10 | | 检查泵出口蝶阀是否关闭,联轴器防护罩是否扣好 | 10 | 漏检1项扣5分 | | | | |
| 11 | | 按真空喷射泵启动按钮,打开出口蝶阀 | 10 | 按错按钮扣5分,未打开蝶阀扣5分 | | | | |
| 12 | | 检查是否有大量水从喷射器喇叭口喷回方形水箱 | 2 | 未检查扣2分 | | | | |
| 13 | 操作程序 | 逐渐关小缓冲罐放空,调节真空度至指定范围 | 10 | 未按要求调节扣1~10分 | | | | |
| 14 | | 逐渐打开流量计入口阀,调节流量 | 5 | 未打开或无流量扣5分 | | | | |
| 15 | | 检查畅通情况 | 2 | 未检查扣2分 | | | | |
| 16 | | 先关流量计入口阀,逐渐打开缓冲罐放空阀使真空表回零,再关闭蝶阀,最后停真空喷射泵按钮 | 10 | 停车顺序错扣10分 | | | | |
| 17 | | 反应釜内液位达要求范围内 | 5 | 每超出范围10mm扣2分 | | | | |
| 18 | | 将阀门等归为初始状态 | 3 | 漏1道阀门扣1分 | | | | |
| 19 | | 停仪表电源开关,停总电源开关 | 2 | 漏1个开关扣1分 | | | | |
| 20 | 安全及其他 | 按国家法规或有关规定 | | 违规一次总分扣5分;严重违规停止操作,总分为零分 | | | | |
| 21 | | 在规定时间内完成操作 | | 每超时1min总分扣5分,超时3min停止操作 | | | | |

【问题讨论】<<<—

1. 旋涡泵、空压机等的结构和工作原理是怎样的?如何操作?

2. 离心泵2启动时(此时出口阀正处关闭状态),出口压力表读数是多少?为什么要求超过0.1MPa?

# 任务二　气体加热操作

## 【任务描述】 <<<←——

　　气体加热操作装置流程视频可通过扫描二维码 M2-1 观看。

① 某工序要求使用车间现有列管式换热器将空气温度由室温升高至 80～82℃，处理量为 40～100m³/h，用 15kPa（表压）饱和水蒸气作为加热剂，验证加热效果。

② 要求标定操作条件下列管式换热器的性能，并提出改进措施。

M2-1

图 2-1 为气体加热操作装置。

图 2-1　气体加热操作装置

## 【任务分析】 <<<←——

　　根据任务要求，操作者须对列管式换热器进行开停车操作，操作中除满足工艺指标要求外，还须根据有关公式采集数据，计算列管式换热器的传热系数 $K$ 以分析其性能。

## 【实训目的】 <<<←——

① 能掌握列管式　换热器各部件结构的作用和工作原理。
② 能正确投用和停用列管式　换热器以满足生产需要。
③ 能对列管式　换热器的性能进行标定。

## 【任务实施】 <<<←——

**一、背画带控制点的工艺流程图，分析工艺原理**

　　加热操作装置工艺流程图如图 2-2 所示。要求学生能画出不同换热器的流程图。分析空气流量和水蒸气压力的单回路自动控制系统使用原理。

**二、背画列管式换热器（固定管板式）、旋涡气泵（可选）的结构图，分析工作原理**

略。

**三、填写列管式换热器标定原理**

　　总传热系数 $K$ 是反映换热设备传热性能好坏的主要指标之一。对于已有换热器，传热

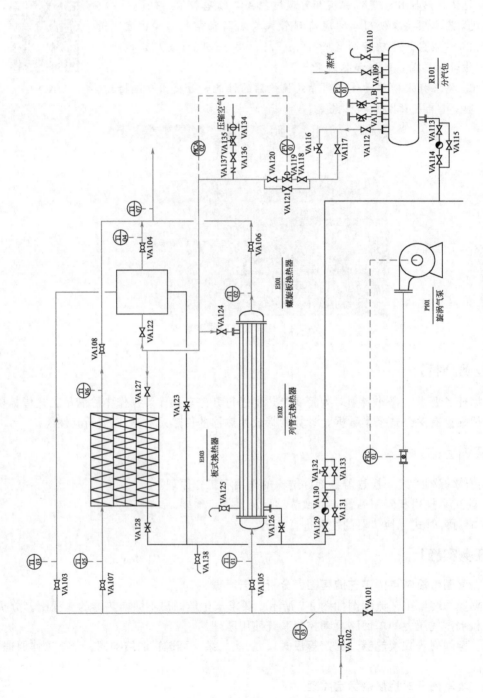

图 2-2　加热操作装置工艺流程图

系数 $K$ 可通过现场采集数据，利用_____来确定。这样得到的 $K$ 值可靠性较高，但是其使用范围受到限制，只有与所测情况一致的场合（包括设备的类型、尺寸、流体性质、流动状况等）才准确。但若使用情况与测定情况相似，所测 $K$ 值仍有一定参考价值。实测 $K$ 值，不仅可以为换热器计算提供依据，而且可以帮助分析换热器的性能，以便寻求提高换热器传热能力的途径。

1. 总传热系数 $K$ 的计算

$$(\qquad\qquad)$$

式中　$K$——总传热系数，$W/(m^2\cdot℃)$；

　　$S$——传热面积，$m^2$；

　　$Q$——换热器的传热速率，$kJ/h$；

　　$\Delta t_m$——传热对数平均温差，$℃$。

2. 传热速率 $Q$ 的计算

$$(\qquad\qquad)$$

式中　$W$——空气（冷流体）的质量流量，$kg/h$；

　　$C_p$——空气的定压比热容，$kJ/(kg\cdot℃)$；

　　$t_1$、$t_2$——冷流体的进、出口温度，$℃$。

3. 传热面积 $S$ 的计算

以管子外径 $D_0$ 为基准计算传热面积：

$$(\qquad\qquad)$$

式中　$n$——换热管数量（本装置：3根）；

　　$D_0$——换热管外径，$m$（本装置：$0.02m$）；

　　$l$——管长，$m$（本装置：$1.2m$）。

4. 传热对数平均温差 $\Delta t_m$ 的计算

$$(\qquad\qquad)$$

式中　$\Delta t_m$——传热对数平均温差，$℃$；

　　$\Delta t_1$、$\Delta t_2$——换热器两端冷热两流体的温差，$℃$。

**四、填写安全要点**

① 装置中所用加热介质为水蒸气，温度较高，因此不能站在水蒸气、热空气和疏水器排液出口处，以免____。

② 监视好温度、压力、流量等参数，严禁超__、超__、超____操作：空气出口温度≤90℃，蒸汽压力≤100kPa（表压），列管式换热器空气流量 $40\sim100m^3/h$，板式、螺旋板式换热器空气流量 $10\sim40m^3/h$。

③ 换热器投用时，一般应先通__流体后通__流体。通入热蒸汽时，__（最先/最后）打开蒸汽分配器出口总阀，以防止____。开启蒸汽分配器出口总阀时要注意_____旋至全开，以逐渐升温升压，防止水击，防止温度骤然变化损坏金属设备。

④ 通入冷空气时，先打开旋涡泵出口阀、列管式换热器空气进出口阀门，保证气泵出口__，然后启动旋涡气泵，以防止____。

**五、开车准备**

开车准备视频可通过扫描二维码 M2-2 观看。

现场相关设备和仪表都处于完好备用状态；除疏水器和电动调节阀的

M2-2

前置阀、后置阀全开外，其他所有阀门均处于关闭状态；蒸汽分配器压力表的示值超过 0.1MPa。

M2-3

**六、正常开车**

正常开车视频可通过扫描二维码 M2-3 观看。

1. 先通冷流体（空气）

打开旋涡气泵出口总阀、列管式换热器空气入口阀、空气出口阀（图 2-3），按下旋涡气泵开关，设定空气流量为 40～100m³/h（详见附录三 2. 自动控制仪表的设定或修改设定值的方法），按下旋涡气泵变频器开关启动旋涡气泵。观察空气流量变化情况。

图 2-3　各部位名称指示（一）

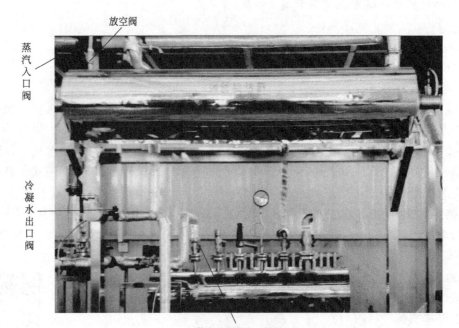

图 2-4　各部位名称指示（二）

**2. 后通热流体（水蒸气）**

待空气流量稳定之后，打开蒸汽管线上除蒸汽分配器出口总阀以外的其他阀门（列管式换热器放空阀、冷凝水出口阀、蒸汽入口阀，见图 2-4），然后微开蒸汽分配器出口总阀，设定换热器蒸汽压力为 15kPa（详见附录三 2. 自动控制仪表的设定或修改设定值的方法），当换热器放空阀有大量水蒸气连续喷出时，关闭放空阀，将蒸汽分配器出口总阀全开，观察换热器蒸汽压力及列管式换热器空气出口温度变化情况。待空气流量、换热器蒸汽压力稳定之后，视为开车结束。

**七、正常运行**

① 监视各控制参数是否稳定，观察列管式换热器空气出口温度变化趋势，当其稳定时，记录相关参数值（见表 2-1）。

**表 2-1 气体加热操作数据记录表**

日期： 年 月 日(星期 ) 时 分至 时 分

操作人员：

实训项目:换热器正常运行 组长： 记录员：

设备名称： ( )换热器 装置编号： ( )

| 时间 | 蒸 汽 | | 空 气 | | | | |
|---|---|---|---|---|---|---|---|
| | 压力 /MPa (PI01) | 压力 /kPa (PIC02) | 压力 /kPa (PI03) | 流量 /(m³/h) (FIC01) | 进口温度 /℃ (TI01) | 出口温度 /℃ (TI02) | 出口总管温度 /℃ (TI05) |
| | | | | | | | |
| | | | | | | | |
| | | | | | | | |
| | | | | | | | |

② 其他参数不变，仅改变空气流量（在 40～100m³/h 之间任意设定；详见附录三 2. 自动控制仪表的设定或修改设定值的方法），观察列管换热器空气出口温度变化趋势，当其稳定时，记录相关参数值。

③ 经常检查冷热流体的进出口温度、压力变化，如有异常，要立即查明原因或报告指导教师，消除故障。

④ 热蒸汽一侧应及时排放冷凝液和不凝气，以免影响传热效果。

**八、正常停车**

正常停车视频可通过扫描二维码 M2-4 观看。

**1. 先停热流体（水蒸气）**

将换热器蒸汽压力设定值归零，关闭蒸汽分配器出口总阀，将蒸汽管线上所有阀门归为初始状态（微开放空阀）。

M2-4

**2. 后停冷流体（空气）**

将空气流量设定值归零，按下旋涡气泵开关停泵。将空气管线上所有阀门归为初始状态。换热器停车操作结束。

## 九、$K$ 值的计算

将采集数据代入相应公式计算出总传热系数 $K$ 值，将所测 $K$ 值与"附录一 表6 列管式换热器中 $K$ 值的大致范围"进行比较，分析列管式换热器实训条件下的传热性能，提出改进措施。

【考核评价】<<←—

根据学生完成任务情况，填写表 2-2。

### 表 2-2　加热操作考核评分表

（考核时间：30min）

| 序号 | 考核内容 | 考核要点 | 配分 | 评分标准 | 检测结果 | 扣分 | 得分 | 备注 |
|---|---|---|---|---|---|---|---|---|
| 1 | 准备工作 | 穿戴劳保用品 | 3 | 未穿戴整齐扣 3 分 | | | | |
| 2 | | 人员分工等准备 | 2 | 分工不明确扣 2 分 | | | | |
| 3 | | 检查现场相关设备、仪表和控制台仪电系统是否完好备用 | 3 | 漏查 1 项扣 1 分 | | | | |
| 4 | | 检查是否除疏水器、电动调节阀的前后置阀全开外，其他所有阀门均处于关闭状态 | 5 | 漏查 1 项扣 1 分 | | | | |
| 5 | | 检查蒸汽分配器压力表的示值是否超过 0.1MPa | 2 | 未检查扣 2 分 | | | | |
| 6 | | 规范启动旋涡气泵，控制空气流量在指标范围内 | 10 | 不按要求操作扣 1～10 分 | | | | |
| 7 | | 规范改通蒸汽流程，先预热升温，先排不凝气，控制蒸汽压力在指标范围内 | 10 | 不按要求操作扣 1～10 分 | | | | |
| 8 | 操作程序 | 监视设备运行及参数变化情况，稳定后做好记录 | 5 | 未监视扣 2 分，少记录 1 项扣 1 分，未稳定记录扣 5 分 | | | | |
| 9 | | 主控参数稳定，空气出口温度在规定范围内 | 10 | 1 项不在指标范围超 1min 扣 5 分 | | | | |
| 10 | | 蒸汽一侧适时排不凝气 | 3 | 不按要求操作扣 1～3 分 | | | | |
| 11 | | 冷凝液排放正常 | 10 | 排放不畅扣 10 分 | | | | |
| 12 | | 先规范停热流体，后规范停冷流体 | 10 | 操作不规范扣 5 分/项，操作顺序错扣 10 分 | | | | |
| 13 | | 将阀门等归为初始状态 | 3 | 漏 1 道阀门扣 1 分 | | | | |
| 14 | | 控制台仪表设定值归零 | 2 | 漏 1 块仪表扣 1 分 | | | | |
| 15 | | 停仪表电源开关，停总电源开关 | 2 | 漏 1 个开关扣 1 分 | | | | |
| 16 | | $K$ 值计算 | 20 | 方法错扣 15 分，结果错扣 5 分 | | | | |
| 17 | 安全及其他 | 按国家法规或有关规定 | | 违规一次总分扣 5 分；严重违规停止操作，总分为零分 | | | | |
| 18 | | 在规定时间内完成操作 | | 每超时 1min 总分扣 5 分，超时 3min 停止操作 | | | | |

【问题讨论】 «←——

1. 与板式换热器、螺旋板式换热器比较，列管式换热器有什么优缺点？
2. 实际运行时，空气出口温度稳定吗？什么原因？有何改进措施？

# 任务三 气体吸收操作

## 【任务描述】《←

气体吸收操作装置流程视频可通过扫描二维码 M3-1 观看。

① 某车间一低压空气管道混入二氧化碳气体，要求以水为吸收剂，利用实验室现有的填料吸收解吸流程中试装置分离两气体，将低压空气、二氧化碳分别并入管网。处理量：空气 $1.0 \sim 1.5 \mathrm{m^3/h}$，二氧化碳 $4 \sim 10 \mathrm{L/min}$。试验吸收率大小与吸收剂用量的关系。

M3-1

② 要求标定操作条件下的填料吸收塔的性能，并提出改进措施。

图 3-1 为气体吸收操作装置。

图 3-1 气体吸收操作装置

## 【任务分析】《←

根据任务描述，实质上是要求用吸收这一单元操作过程来完成气体混合物的分离，操作者须对吸收解吸双塔流程装置进行开停车操作，操作中除满足工艺指标要求外，还须根据有关公式采集数据，计算不同吸收剂用量下的吸收率，并计算填料吸收塔的总体积吸收系数 $k_{Y}a$ 以分析其性能。

## 【实训目的】《←

① 能掌握并阐述吸收解吸双塔流程装置构成和填料塔结构。

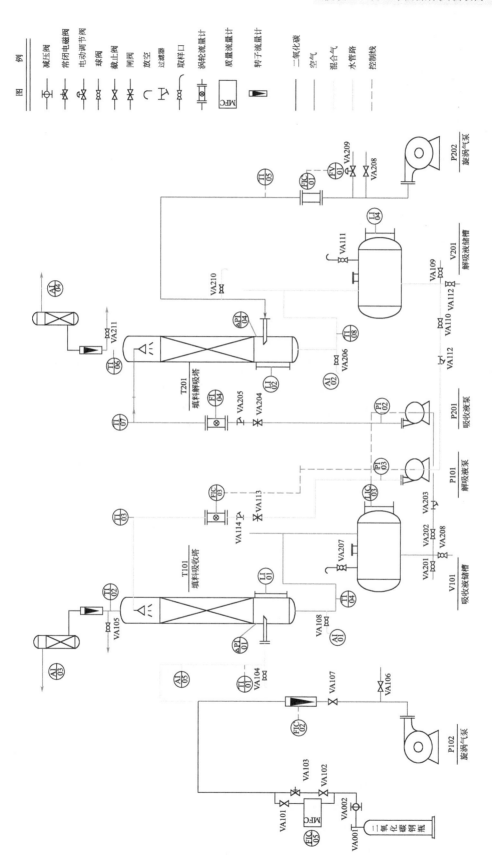

图 3-2　吸收操作装置工艺流程图

② 能掌握吸收、解吸工艺过程原理。

③ 能进行吸收解吸双塔流程装置的开停车及运行操作。

④ 能根据装置运行数据分析影响吸收效果的主要因素。

⑤ 能计算吸收率，能对填料吸收塔性能进行标定。

## 【任务实施】 <<←—

**一、背画带控制点的工艺流程图，分析双流程工艺原理，分析解吸原理**

吸收操作装置工艺流程图如图 3-2 所示。要求学生能按不同介质画出流程图。

要求分析吸收液罐液位、解吸液流量、解吸惰性气体流量、溶质二氧化碳流量 4 个单回路自动控制系统的使用方法。

**二、背画填料吸收塔结构图，分析工作原理**

略。

**三、填写标定原理**

**1. 填料吸收塔性能**

总体积吸收系数____是单位填料体积、单位时间吸收的溶质量，是决定吸收过程速率高低的重要参数，也是判断填料吸收塔吸收性能的主要指标之一。对于相同的物系及一定的设备（填料类型与尺寸相同），吸收系数将随着操作条件及气液接触状况的不同而变化。

本装置所用气体混合物中二氧化碳组成较高，所得吸收液的浓度却不高，故可认为气液平衡关系服从____定律，可用方程式_____表示。又因为是常压操作，相平衡常数 $m$ 值仅是_____的函数，故可用对数平均浓度差法计算填料层传质平均推动力，相应的吸收速率方程式为

$$G_A = K_Y \alpha V_p \Delta Y_m$$

故体积吸收总系数为

$$K_Y \alpha = \frac{G_A}{V_p \Delta Y_m}$$

在稳定操作状况下测得进、出口处气、液流量及浓度后，可根据物料衡算及平衡关系算出吸收负荷 $G_A$ 及平均推动力 $\Delta Y_m$。再根据具体设备的尺寸算出填料层体积 $V_p$ 后，便可按上式计算体积吸收总系数 $K_Y \alpha$。

其中 $G_A = V(Y_1 - Y_2)$

$$\Delta Y_m = \frac{\Delta Y_1 - \Delta Y_2}{\ln \dfrac{\Delta Y_1}{\Delta Y_2}} \qquad \Delta Y_1 = Y_1 - m X_1 \qquad \Delta Y_2 = Y_2 - m X_2$$

$$m = \frac{E}{P} \qquad\qquad Y^* = mX \qquad\qquad Y_1 = \frac{y_1}{1 - y_1}$$

$$Y_2 = \frac{y_2}{1 - y_2}$$

$$X_1 = \frac{V(Y_1 - Y_2)}{L} + X_2 \qquad V_p = \Omega Z \qquad\qquad \Omega = \frac{\pi}{4} D^2$$

式中　　$G_A$——单位时间内二氧化碳的吸收量，kmol/h；

　　　　$K_Y \alpha$——气相总体积吸收系数，kmol/(m³·h)；

　　　　$V_p$——填料层体积，m³；

　　　　$Z$——填料层高度，m；

$\Omega$——塔截面积，$m^2$；

$D$——塔径，m；

$\Delta Y_m$——气相对数平均浓度差；

$\Delta Y_2$、$\Delta Y_1$——分别为填料层上、下两端面上气相推动力；

$Y_1$、$Y_2$——进、出口气体中溶质组分的摩尔比；

$X_2$、$X_1$——进、出口液体中溶质组分的摩尔比；

$V$——混合气体中惰性气体流量，kmol/h；

$L$——吸收剂流量，kmol/h；

$Y^*$——相平衡时气相中溶质的摩尔比；

$X$——相平衡时液相中溶质的摩尔比；

$m$——相平衡常数；

$P$——气体的总压力，kPa；

$E$——亨利系数（可查"附录一 表7 不同温度下 $CO_2$ 溶于水的亨利系数"），kPa。

2. 填料吸收塔其他主要计算

（1）吸收率

$$\varphi_A = \frac{Y_1 - Y_2}{Y_1} \quad 或 \quad (\qquad\qquad\qquad)$$

（2）吸收剂用量

若平衡关系符合亨利定律，则有

$$\left(\frac{L}{V}\right)_{min} = \frac{Y_1 - Y_2}{\dfrac{Y_1}{m} - X_2} \qquad L = (1.1 - 2.0)L_{min}$$

（3）吸收液浓度

$$X_1 = \frac{V(Y_1 - Y_2)}{L} + X_2$$

（4）传质单元高度

$$H_{OG} = \frac{V}{K_Y a \Omega}$$

由传质单元高度表达式可知，它与体积吸收总系数成反比，其值越__（大/小）表明填料层传质性能越好，工程中多以传质单元高度表征填料层的传质动力学性能，其优点一是它具有长度因次，简明直观；二是数值范围具体，如工业填料塔总传质单元高度值大致范围是 $0.2 \sim 1.5 m$。

**四、填写安全要点**

① 通风操作。空气不对流场所和受限空间使用二氧化碳气体要稀释通风和加强监测；少量使用应开启门窗，保持空气对流。发现人员昏睡、痉挛及窒息时，迅速使其脱离现场至空气新鲜处，根据情况及时采取急救措施或就医。

② 不准触摸二氧化碳液体，操作液体（或固体）易____，注意身体防护。

③ 开启钢瓶阀及调压时，人不能站在气体出口前方，以防_____。

④ 二氧化碳__燃，也不__燃，但盛有二氧化碳液化气体钢瓶遇明火、遇热（超过__℃）、振动易____，瓶口断裂也可引起____。

⑤ 旋涡气泵启动前出口须_____，离心泵启动前出口阀须____；离心泵启动前还需要灌泵等，注意区别对待。

### 五、开车准备

开车准备视频可通过扫描二维码 M3-2 观看。

M3-2

① 现场所有设备、仪表均处于正常备用状态。

② 吸收塔、解吸塔塔顶放空阀开度 90%，吸收液储槽、解吸液储槽放空阀全开，吸收旋涡气泵旁路放空阀全开，解吸旋涡气泵旁路放空阀开度 50%，解吸液泵、吸收液泵入口阀全开，吸收塔、解吸塔塔顶转子流量计引阀开度 50%。二氧化碳质量流量控制器后置阀、旁路阀全开，其他阀门关闭。

③ 吸收液储槽已清空，解吸液储槽内液位不低于 2/3。

### 六、正常开车

正常开车视频可通过扫描二维码 M3-3 观看。

M3-3

① 打开解吸液泵出口阀（见图 3-3）灌泵，灌泵结束，关闭出口阀。按下解吸液泵开关，设定吸收剂流量为 200～400L/h，按下变频器控制面板 run/stop 键启动解吸液泵（详见附录三 2.自动控制仪表的设定或修改设定值的方法），解

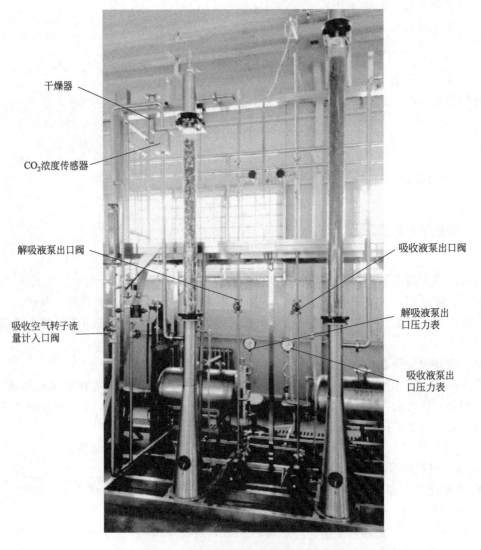

图 3-3　解吸和吸收装置各部位名称指示

吸液泵出口压力表指示超过 0.1MPa，缓慢打开出口阀。

② 设定吸收液罐液位为 200mm（详见附录三 2. 自动控制仪表的设定或修改设定值的方法），当液位接近设定值，打开吸收液泵出口阀（见图 3-3）灌泵，灌泵结束，关闭出口阀。按下吸收液泵开关，按下变频器 run/stop 键启动吸收液泵，吸收液泵出口压力表超过 0.1MPa 时，缓慢打开出口阀（见图 3-3）。

③ 液相在两塔内建立循环达稳定后，按下吸收旋涡气泵电源开关，缓慢打开吸收空气转子流量计入口阀（见图 3-3），调节空气流量为 $1.0\sim1.5\text{m}^3/\text{h}$。

④ 设定解吸惰性气体流量为 $4.0\sim10.0\text{m}^3/\text{h}$（详见附录三 2. 自动控制仪表的设定或修改设定值的方法），按下解吸旋涡气泵电源开关。

⑤ 按下 $CO_2$ 减压阀电加热开关，设定溶质 $CO_2$ 流量为 $4.0\sim10.0\text{L/min}$，打开二氧化碳钢瓶总阀，调节减压阀开关，使二氧化碳出口压力为 $0.1\sim0.2\text{MPa}$，观察各仪表实测值达设定值且稳定，视为开车结束。

### 七、正常运行

① 监视各控制参数是否稳定，当吸收尾气二氧化碳浓度稳定时，记录相关参数值（见表 3-1）。

表 3-1 气体吸收操作数据记录表

日期： 年 月 日（星期 ） 时 分至 时 分 班级：第 组

实训项目：吸收解吸装置正常运行 装置编号： 组长： 记录员：

操作人员：

| 时间 | 吸收剂流量控制/(L/h) | | 吸收尾气 $CO_2$ 浓度/% | 解吸尾气 $CO_2$ 浓度/$\times10^{-6}$ | 吸收液流量/(L/h) | 解吸惰性气体流量控制/(m³/h) | 吸收塔压降/kPa | 解吸塔压降/kPa | 吸收液罐液位控制/mm | | 吸收混合气 $CO_2$ 浓度/% | 操作温度/℃ | 溶质 $CO_2$ 流量控制/(L/min) | | 解吸泵出口压力/MPa | 吸收液泵出口压力/MPa | 吸收惰性气体空气流量/(m³/h) | 备注 |
|---|---|---|---|---|---|---|---|---|---|---|---|---|---|---|---|---|---|---|
| | pv | sv | | | | | | | pv | sv | | | pv | sv | | | | |
| | | | | | | | | | | | | | | | | | | |
| | | | | | | | | | | | | | | | | | | |
| | | | | | | | | | | | | | | | | | | |
| | | | | | | | | | | | | | | | | | | |
| | | | | | | | | | | | | | | | | | | |
| | | | | | | | | | | | | | | | | | | |
| | | | | | | | | | | | | | | | | | | |

注：pv 为液位实际值；sv 为液位设定值。

② 其他参数不变，仅改变吸收剂流量（在 $200\sim400\text{L/h}$ 内任意设定），观察吸收尾气二氧化碳浓度变化趋势，当吸收尾气二氧化碳浓度稳定时，记录相关参数值并计算吸收率（分

析：改变吸收剂流量对吸收效果的影响）。

③ 其他参数不变，仅改变解吸惰性气体流量（在 $7\sim10\mathrm{m}^3/\mathrm{h}$ 内任意设定），观察吸收尾气二氧化碳浓度变化趋势，当吸收尾气二氧化碳浓度稳定时，记录相关参数值并计算吸收率（分析：解吸效果对吸收的影响）。

### 八、正常停车

正常停车视频可通过扫描二维码 M3-4 观看。

M3-4

① 关闭二氧化碳气体钢瓶总阀，关闭减压阀，按下 $CO_2$ 减压阀电加热开关，停止加热。

② 关闭转子流量计入口阀，按下吸收旋涡气泵开关，停吸收旋涡气泵。

③ 关闭解吸液泵出口阀，按下解吸液泵开关，停解吸液泵。

④ 关闭吸收液泵出口阀，按下吸收液泵开关，停吸收液泵。

⑤ 按下解吸旋涡气泵开关，停解吸旋涡气泵。

⑥ 将所有仪表设定值归零，停仪表开关、停操作台总电源。

⑦ 将现场阀门归为初始状态。

### 九、$k_Y\alpha$、$\varphi_A$ 计算

根据采集数据计算不同吸收剂用量下的 $\varphi_A$；计算操作条件下的总体积吸收系数 $k_Y\alpha$，并分析填料吸收塔的性能，提出改进措施。

## 【考核评价】

根据学生完成任务情况，填写表 3-2。

表 3-2　气体吸收操作考核评分表

（考核时间：40min）

| 序号 | 考核内容 | 考核要点 | 配分 | 评分标准 | 检测结果 | 扣分 | 得分 | 备注 |
|---|---|---|---|---|---|---|---|---|
| 1 | 准备工作 | 穿戴劳保用品 | 3 | 未穿戴整齐扣3分 | | | | |
| 2 | | 人员分工等准备 | 2 | 分工不明确扣2分 | | | | |
| 3 | | 检查现场相关设备、仪表和控制台仪电系统是否完好备用 | 3 | 漏查1项扣1分 | | | | |
| 4 | | 检查阀门开关状态，并置于正确的开度 | 5 | 漏查1道阀门扣1分，阀门开度不正确每道扣1分 | | | | |
| 5 | | 检查吸收液储槽内是否留有足够的空间，解吸液储槽内液位是否不低于2/3 | 2 | 漏查1项扣1分 | | | | |
| 6 | 操作程序 | 规范启动解吸液泵，按要求控制进塔吸收剂流量 | 10 | 不按要求操作扣1~10分 | | | | |
| 7 | | 规范启动吸收液泵，控制吸收液罐在适当液位 | 10 | 不按要求操作扣1~10分 | | | | |
| 8 | | 规范启动吸收旋涡气泵，调节进塔空气流量 | 10 | 不按要求操作扣1~10分 | | | | |
| 9 | | 规范启动解吸旋涡气泵，控制进塔空气流量 | 10 | 不按要求操作扣1~10分 | | | | |
| 10 | | 规范通入溶质二氧化碳气体 | 10 | 不按要求操作扣1~10分 | | | | |
| 11 | | 监视设备运行及参数变化情况，稳定后做好记录 | 5 | 未监视扣2分，少记录1项1分，未稳定记录扣5分 | | | | |

续表

| 序号 | 考核内容 | 考核要点 | 配分 | 评分标准 | 检测结果 | 扣分 | 得分 | 备注 |
|------|----------|----------|------|----------|----------|------|------|------|
| 12 | 操作程序 | 主控参数稳定 | 10 | 1项不在指标范围超1min扣5分 | | | | |
| 13 | | 规范停二氧化碳,停吸收气泵,停解吸液泵,停吸收液泵,停解吸气泵 | 10 | 1项不规范扣2分,停车顺序错扣10分 | | | | |
| 14 | | 吸收率计算 | 3 | 方法错扣3分,结果错扣1分 | | | | |
| 15 | | 现场阀门归为初始状态 | 2 | 漏1道阀扣1分 | | | | |
| 16 | | 控制台仪表设定值归零 | 3 | 漏1块仪表扣1分 | | | | |
| 17 | | 停仪表电源开关,总电源开关 | 2 | 漏1个开关扣1分 | | | | |
| 18 | 安全及其他 | 按国家法规或有关规定 | | 违规一次总分扣5分;严重违规停止操作,总分为零分 | | | | |
| 19 | | 在规定时间内完成操作 | | 每超时1min总分扣5分,超时3min停止操作 | | | | |

【问题讨论】<<<——

1. 操作中解吸塔是依据什么原理完成解吸的? 还有哪些方法可实现解吸?

2. 影响吸收效果的因素有哪些?

# 任务四　液体精馏操作（一）

【任务描述】≪←─

① 某车间新到一批低浓度（体积分数约 20％）乙醇水溶液，要求将其提纯至体积分数 92％ 以上，利用车间实验室现有的常压连续普通精馏（筛板塔）中试装置，并验证该中试装置分离效果，计算蒸出率。处理量：约 4L/h。

② 要求标定操作条件下的板式精馏塔的分离性能，并提出技改措施。

图 4-1 为液体精馏操作（一）装置。

图 4-1　液体精馏操作（一）装置

【任务分析】≪←─

根据任务描述，实质上是要求用普通精馏来完成液体混合物的分离。操作者须对常压连续普通精馏装置进行开停车操作，操作中除满足工艺指标要求外，还须根据有关公式采集数据，计算蒸出率、总板效率，分析性能。

【实训目的】≪←─

① 能掌握并阐述连续精馏装置构成和筛板塔各部结构、用途。

② 能结合精馏装置说清楚精馏原理。

③ 能正确查摆精馏装置流程。

④ 能进行连续精馏装置的开停车及运行操作。

⑤ 能根据装置运行数据分析影响精馏过程的主要因素，保持操作稳定。

⑥ 能计算蒸出率、总板效率，能对板式精馏塔性能进行标定。

## 【任务实施】 <<<——

### 一、背画装置工艺流程图，分析工艺原理

精馏操作（一）装置工艺流程图如图 4-2 所示。要求学生能画出全回流和部分回流流程图以及冷却水流程图等。

### 二、背画筛板式精馏塔结构图，分析工作原理

主要设备及相关参数：筛板式精馏塔（15 块塔板）、再沸器（加热电压最高值 200V）、塔顶冷凝器、进料预热器、塔底冷却器、原料罐（A、B）、塔金产品罐、塔顶产品罐、塔顶凝液罐、柱塞式进料计量泵（4L/h，对应频率 50Hz）、辅助循环泵、回流泵（柱塞式，50Hz，对应流量 6L/h）、塔顶采出泵（柱塞式，50Hz，对应流量 1L/h）、塔顶再冷器等。

要求学生熟悉柱塞式往复泵与旋涡泵的结构、性能、特点。熟悉柱塞式计量泵流量的调节方法（会设定变频器频率值）。

### 三、填写塔效能标定原理

#### 1. 总板效率计算

对于二元物系，如已知其气液相平衡数据，则根据精馏塔的原料液组成、进料热状况、操作回流比及塔顶馏出液组成、塔底釜液组成可由图解法或逐板计算法求出该塔的理论板数 $N_T$，按照下式可以得到总板效率 $E_T$（其中 $N_P$ 为实际塔板数）。

$$E_T = \frac{N_T - 1}{N_p} \times 100\%$$

精馏段操作线方程为（ ）

进料方程为

$$y = \frac{q}{q-1}x - \frac{x_F}{q-1}$$

式中 $R$——操作回流比（$R =$ ）；

$q$——进料热状态参数。

部分回流时，进料热状态参数的计算式为：

$$q = \frac{C_{pm}(t_{BP} - t_F) + r_m}{r_m}$$

式中      $t_F$——进料温度，℃；

$t_{BP}$——进料的泡点温度，℃；

$C_{pm}$——进料液体在平均温度 $(t_F + t_{BP})/2$ 下的比热容，J/(mol·℃)；

$r_m$——进料液体在其组成和泡点温度下的汽化热，J/mol；

$$C_{pm} = C_{p1}x_1 + C_{p2}x_2 \qquad r_m = r_1x_1 + r_2x_2$$

式中 $C_{p1}$，$C_{p2}$——分别为纯组分 1 和组分 2 在平均温度下的比热容，J/(mol·℃)；

$r_1$，$r_2$——分别为纯组分 1 和组分 2 在泡点温度下的汽化热，J/mol；

$x_1$，$x_2$——分别为纯组分 1 和组分 2 在进料中的摩尔分数。

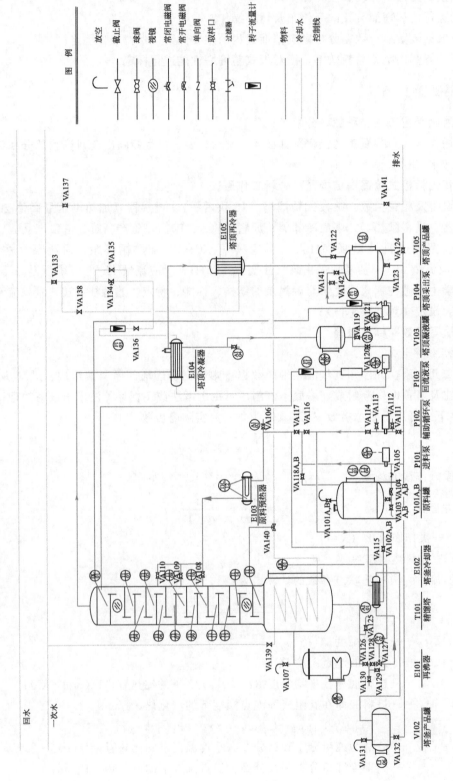

图 4-2　精馏操作（一）装置工艺流程图

实训中测得的是体积分数，须转换成摩尔分数。转换公式如下：

$$x = \cfrac{\dfrac{x_{v,1}\rho_1}{M_1}}{\dfrac{x_{v,1}\rho_1}{M_1} + \dfrac{x_{v,2}\rho_2}{M_2}}$$

式中　　$x$——纯组分 1 的摩尔分数；

$x_{v,1}$，$x_{v,2}$——分别为纯组分 1 和组分 2 的体积分数；

　$M_1$，$M_2$——分别为纯组分 1 和组分 2 的分子量，g/mol；

　$\rho_1$，$\rho_2$——分别为纯组分 1 和组分 2 的实验条件下的密度，kg/m³。

2. 物料衡算式

物料衡算式为（　　　　　　　　　　　　　　　　　　　　）

3. 蒸出率计算式

蒸出率计算式为（　　　　　　　　　　　　　　　　　　　　）

## 四、填写安全要点

① 乙醇属于易__易__易____、__（微/低）毒化学品，操作过程中严禁烟火，并注意保持室内____，_____（不要/可以）长期直接皮肤接触乙醇液体和吸入乙醇蒸气。

② 装置采用电热棒预热原料和加热塔釜料液，原料预热器和再沸器通电之前，必须确保加热棒已浸没在液体中，若液位过____（低/高）会使电加热棒干烧致坏。

③ 柱塞泵启动前须____出口阀，以免____造成事故。流量调节采用的是改变活塞往复次数（变频）的方法。旋涡泵启动前也须____出口阀，以免电机启动功率过大烧毁电机。

## 五、开车准备

① 现场所有设备、仪表、水、电等公用工程均处于正常备用状态，且循环冷却水已引至装置前。

② 原料罐 A 罐内已配制好体积分数 20％左右的乙醇-水溶液 300mm 以上，塔釜产品罐、塔顶产品罐、回流罐均已清空（因产量较小，实际操作中可将塔顶产品接到洁净的矿泉水空瓶内），塔釜残液罐内有足够的空间。

③ 塔顶冷凝器放空弯管常开，除塔底出料阀、塔底常闭电磁阀前置阀、塔釜残液罐放空阀、塔釜强制降温用冷却水入口阀全开外，其他所有阀门均处于关闭状态（常开电磁阀除外）。

## 六、正常开车

1. 灌塔进料

正确改通原料罐 A 罐—辅助循环泵—预热器—塔釜（再沸器）流程后，按下仪表控制台上辅助循环泵开关，并将现场泵体开关拨到"手动"位置启动辅助循环泵（见图 4-3 和图 4-4），向塔釜及再沸器进料至（300±10）mm（进料中规范取样分析原料浓度并做好记录）后，停进料辅助循环泵泵体开关（拨至"停"位置），并将阀门归为初始状态。

M4-1

灌塔进料进行中的视频可通过扫描二维码 M4-1 观看。

2. 启动再沸器加热

确认再沸器内液位为（300±10）mm，再沸器放空阀、塔进料阀（见图 4-3）处于关闭状态，按下塔釜加热开关，设定适宜加热电压（0～200V，详见附录三 2.自动控制仪表的设定或修改设定值的方法），开始加热。

进料阀(第六、八、十板)

再沸器放空阀

原料罐A罐

进料泵

回流罐

采出泵出口阀

回流泵出口阀

冷却水流量阀

回流泵

采出泵

图 4-3 液体精馏装置（一）各部位名称指示（一）

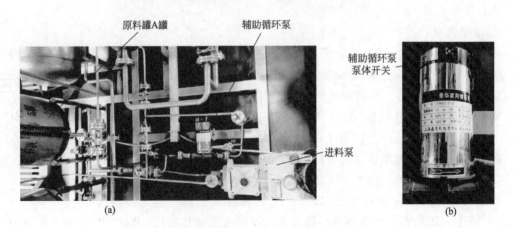

原料罐A罐

辅助循环泵

辅助循环泵泵体开关

进料泵

(a)

(b)

图 4-4 液体精馏装置（一）各部位名称指示（二）

3．开启塔顶冷凝器冷却水

注意塔釜温度变化趋势，适时打开循环冷却水上水总阀、塔顶冷凝器冷却水流量阀（即转子流量计前阀，见图 4-3），适时调节冷却水流量，向塔顶冷凝器（管程）通入循环冷却水。

4．调节塔釜加热电压

注意各塔板温度变化趋势，适时、适量调节塔釜加热电压（调节范围 130～200V），防止将重组分水过多的带至塔顶。

5．全回流操作

规范控制塔顶压力、塔压差、塔顶温度、塔釜温度、塔釜液位等参数达合理指标范围，当回流罐内液位上升至高于 70mm（具体数值可另行约定，回流罐建立足够液位的视频可通过扫描二维码 M4-2 观看）时，打开回流泵入口阀、出口阀（即泵后流量计入口阀，见图 4-3，改通全回流流程的视频可通过扫描二维码 M4-3 观看）。按下回流泵开关，设定适宜的回流变频器频率值，按 run/stop 键，启动回流泵（详见附录三 1．柱塞式计量泵的启动与流量调节方法，启动回流泵的视频可通过扫描二维码 M4-4 观看），观察泵后流量计内浮子动作，判断回流是否正常。调节回流液流量至适宜、稳定（调节回流量的视频可通过扫描二维码 M4-5 观看）。

过程中控制好相关工艺参数，争取在较短时间内、较少的调控次数实现操作稳定，建立平衡。全回流稳定 20min 后，规范取样分析全回流时塔顶产品浓度，做好记录（见表 4-1 和表 4-2）。

操作中的塔内景象视频可通过扫描二维码 M4-6 观看。

M4-2　　　　　M4-3　　　　　M4-4　　　　　M4-5　　　　　M4-6

## 七、正常生产（部分回流）

分析全回流产品浓度合格后，可转为正常生产。过程中控制好相关工艺参数，保持操作稳定，保证产品合格，并做好记录（见表 4-1 和表 4-2）。

1．连续进料

全回流稳定且产品分析合格后，可适时进料。进料方法：正确改通原料罐 A 罐——柱塞式进料泵—预热器—塔进料板进料阀（选其一）流程后，按下柱塞式进料泵开关，设定适宜的进料泵变频器频率值，按 run/stop 键，启动进料泵，开始连续进料。

注意：进料前可提前利用原料预热器对原料进行预热，预热时进料预热温度设定值不超过 60℃，且严防预热器干烧。

2．塔顶采出

根据情况适时采出塔顶产品。采出方法：依次打开采出泵入口阀、出口阀（即泵后流量计入口阀）、空矿泉水瓶入口切换阀，按下采出泵开关，设定适宜的采出泵变频器频率值，按 run/stop 键，启动采出泵，采出塔顶产品。

启动采出泵的视频可通过扫描二维码 M4-7 观看。

M4-7

### 表 4-1 液体精馏操作（一）数据记录表

年　月　日(星期　　)　时　分至　　时　分

实训项目：精馏操作

班级：　　　　组长：　　　　装置编号：　　　　第___组　记录员：

操作员：

| 时间 | 温度 | | | | 压力/kPa | 液位/mm | | | 流量 | | | | | | | 取样分析（体积分数）/% | | |
|---|---|---|---|---|---|---|---|---|---|---|---|---|---|---|---|---|---|---|
| | 塔顶温度/℃(TIC01) | 塔釜温度/℃(TIA15) | 塔釜加热电压/V | 进料温度/℃(TIC12) | 塔釜压力(PI01) | 塔釜液位(LIC01) | 原料罐A液位(LI03) | 釜液罐液位(LIC02) | 进料 | | 回流 | | 塔顶采出 | | 顶冷凝器冷却水/(L/h) | 进料组成 | 塔顶组成 | 塔釜组成 |
| | | | | | | | | | 频率/Hz | 流量/(L/h) | 频率/Hz | 流量/(L/h) | 频率/Hz | 流量/(L/h) | | | | |
| | | | | | | | | | | | | | | | | | | |
| | | | | | | | | | | | | | | | | | | |
| | | | | | | | | | | | | | | | | | | |
| | | | | | | | | | | | | | | | | | | |
| | | | | | | | | | | | | | | | | | | |
| | | | | | | | | | | | | | | | | | | |
| | | | | | | | | | | | | | | | | | | |
| | | | | | | | | | | | | | | | | | | |
| | | | | | | | | | | | | | | | | | | |
| | | | | | | | | | | | | | | | | | | |
| | | | | | | | | | | | | | | | | | | |

续表

实训项目:精馏操作　　装置编号:　　　年　月　日(星期　)　时　分至　时　分　班级:　　　第　　　组

组长:　　　记录员:

操作员:

| 时间 | 温度 | | | | 压力/kPa | 液位/mm | | | 流量 | | | | | | | 取样分析(体积分数)/% | | |
|---|---|---|---|---|---|---|---|---|---|---|---|---|---|---|---|---|---|---|
| | 塔顶温度/℃(TIC01) | 塔釜温度/℃(TIA15) | 塔釜加热电压/V | 进料温度/℃(TIC12) | 塔釜压力(PI01) | 塔釜液位(LIC01) | 原料罐A液位(LI03) | 凝液罐液位(LIC02) | 进料 | | 回流 | | 塔顶采出 | | 顶冷凝器冷却水/(L/h) | 进料组成 | 塔顶组成 | 塔釜组成 |
| | | | | | | | | | 频率/Hz | 流量/(L/h) | 频率/Hz | 流量/(L/h) | 频率/Hz | 流量/(L/h) | | | | |
| | | | | | | | | | | | | | | | | | | |
| | | | | | | | | | | | | | | | | | | |
| | | | | | | | | | | | | | | | | | | |
| | | | | | | | | | | | | | | | | | | |
| | | | | | | | | | | | | | | | | | | |
| | | | | | | | | | | | | | | | | | | |
| | | | | | | | | | | | | | | | | | | |

**表 4-2　液体精馏操作(一)数据处理表**

| 时间 | $x_F$ | $x_D$ | $x_W$ | $N_T$ | $E_T$ |
|---|---|---|---|---|---|
| | | | | | |
| | | | | | |

出产品了的视频可通过扫描二维码 M4-8 观看。

M4-8

### 3. 塔釜采出

本装置塔釜残液为自动采出，即液位超过 350mm 时，塔底排出管电磁阀将自动打开，釜残液会从排出管线流至塔釜残液罐。

注意：操作中控制好塔釜液位不得低于 260mm 以下，防止干烧；并且控制好塔釜温度不得超过 95℃，否则塔釜强制降温用的冷却水管电磁阀将自动打开，开始强制降温。

### 八、正常停车

#### 1. 停进料、进料加热

将进料泵变频器频率值归零后按 enter 键，按下进料泵开关停止进料；将进料预热温度控制设定值归零，按下进料预热开关停止进料加热。

#### 2. 停塔釜加热

将塔釜加热设定值归零，按下塔釜加热开关停止塔釜加热。

#### 3. 停塔顶采出

将采出泵变频器频率值归零后按 enter 键，按下采出泵开关关停塔顶采出泵。

#### 4. 停回流

适时将回流泵变频器频率值归零后按 enter 键，按下回流泵开关关停回流泵。

#### 5. 停冷却水

适时关闭塔顶冷凝器冷却水流量计前阀门，停冷却水。

M4-9

#### 6. 产品处理

收集产品，称重、测定产品浓度酒精计测浓度的视频可通过扫描二维码 M4-9 观看。并做好记录（见表 4-1 和表 4-2）。

#### 7. 收尾工作

现场阀门归为初始状态，关仪表开关、操作台总电源。

### 九、蒸出率、总板效率计算

根据采集数据计算蒸出率；计算操作条件下的总板效率，并分析筛板精馏塔的性能，提出改进措施。

### 【考核评价】 ‹‹‹—

根据学生完成任务情况，填写表 4-3～表 4-5（摘自《全国化工总控工技能大赛精馏操作竞赛考核评分细则》）。

### 【问题讨论】 ‹‹‹—

1. 普通精馏分离乙醇水溶液能得到乙醇的最高浓度为多少？若要得到更高的纯度，怎么做？

2. 通过实际操作，你认为精馏过程如何保持稳定？如何保证产品纯度？如何提高产量？

表4-3 精馏（一）操作考核评分表

选手：_____、_____ 装置号：_____ 日期：_____ 操作时间起于：_____ 止于：_____ 用时：_____min

| 操作阶段/规定时间 | 考核内容 | 操作要求 | 标准分值 | 评分标准与说明 | 得分 |
|---|---|---|---|---|---|
| 设备功能说明、流程叙述（5min） | 装置构成与功能说明 | 塔釜、塔板、再沸器、全凝器、馏出罐、釜液与原料热交换器 | 8 | 1. 裁判指定三名选手之一叙述说明，其他选手不得提示、补充<br>2. 评判点及分值<br>①精馏装置6个设备的作用（3分）；错或漏一个设备，扣0.5分<br>②气、液相物料流程及传质传热过程说明（4分），气、液相物料流程各占2分；叙述说明缺项或错误扣1分<br>③规定时间完成（1分），否则扣1分 |  |
|  | 气相物料流程叙述 | 塔釜—各层塔板筛孔—板上液层—全凝器 |  |  |  |
|  | 液相物料流程叙述 | 原料：原料罐—进料泵—加料板—各板—塔釜—热交换器—釜液罐<br>凝液：①全凝器—馏出罐—馏出泵—采出罐—产品罐<br>②全凝器—馏出罐—回流泵—塔顶—各塔板 |  |  |  |
| 开车准备（10min） | 检查水、电、仪、阀、泵、检查储罐、分析原料组成 | ①检查冷却水系统<br>②检查各阀门状态<br>③检查各塔釜、原料罐、馏出罐液位<br>④检查电源和仪表显示<br>⑤开启产品采空罐，启动采空阀，将馏出罐液位调至4cm（本点不受此限时）<br>⑥用酒精计分析原料罐料液浓度，记录原料罐储量和含量 | 12 | 评判点及分值<br>①打开冷却水回水、上水阀，查有无供水，关上水阀（1分）<br>②检查并确定工艺流程中各阀门功能和状态（1分）<br>③记录原料罐、馏出罐液位（3分）；少1处扣1分<br>④开启总电源、仪表盘电源、查看电压表、温度显示、实时监控仪（1分）<br>⑤开启产品罐放空阀，启动采出泵、倒空馏出罐液位并记录液位（3分）；错或漏一处扣1分<br>⑥酒精计测料液浓度、记录备量和浓度（3分）；取样静置、测量、记录换算，错或漏一步扣1分 |  |

续表

| 操作阶段/规定时间 | 考核内容 | 操作要求 | 标准分值 | 评分标准与说明 | 得分 |
|---|---|---|---|---|---|
| 全回流操作（55min） | 全回流操作及其稳定状态的判断 | ①开全凝器给水阀，调节流量至适宜<br>②打开电加热器以150～200 V加热<br>③观察，记录出罐液位，塔内情况<br>④当馏出罐液位达到15cm时，开回流阀，启动回流泵，进行全回流操作<br>⑤维持馏出罐液稳定（20±1）cm，至全回流操作稳定20min，同隔5min取样分析其出液乙醇浓度<br>⑥取样分析，获得质量份后，施加突然停冷却水干扰，选手判断有无冷却水，采取相应措施，保持全回流操作稳定 | 20 | 评判点及分值：<br>1. 操作步骤（3分）；错或漏一步，扣1分<br>2. 升温（2分）。30min内升温到全回流操作；超时扣1分<br>3. 馏出罐液位变化±10mm以内（2分），液位变化超过10mm扣1分<br>4. 全回流操作质量（10分），全回流稳定后同隔5min取样两次交替助理<br>裁判分析：<br><br>表 ↓<br><br>说明：<br>①Δc——两次取样分析结果的质量浓度差<br>②Δc≤1.00%，若时间允许可继续全回流操作直至理想数值，若时间不允许，则可进入部分回流操作<br>③若Δc>1.00%，至Δc≤1.00%，继续全回流操作，至Δc≤1.00%，超时在相应等级上扣3分<br>④取样须在全回流操作稳定时，否则在相应等级上扣2分<br>⑤取样须放掉取样管内滞留液，否则扣全部质量分<br>5. 干扰排除（3分）。判断1分，措施1分，维持稳定1分，缺、漏或错，扣相应分 |  |

| $\Delta c$/% | 0～0.2 | 0.2～0.6 | 0.6～1.0 | ≥1.0 |
|---|---|---|---|---|
| 得分 | 10 | 8 | 5 | 2 |

续表

| 操作阶段/规定时间 | 考核内容 | 操作要求 | 标准分值 | 评分标准与说明 | 得分 |
|---|---|---|---|---|---|
| 部分回流生产操作(40min) | 加料步骤、馏初液 | ①开启进料阀,启动进料泵,以4L/h进料<br>②增大加热电压(<190V),调节回流罐液位变频器<br>③开启采出阀,启动采出泵,维持馏出罐液位稳定<br>④部分回流操作获取质量成绩后,施加加热电压突然增大的干扰,选手正确判断,采取相应措施,恢复并维持正常运行 | 40 | 评判点及分值<br>1. 操作步骤(5分)。步骤顺序错或漏,每步骤扣1分<br>2. 操作质量(25分)<br>①部分回流操作运行稳定15min后,每隔5min取样分析一次,共两次。取样要求运行稳定15min后,反映真实浓度,否则扣5分<br>②馏出液浓度要与全回流浓度差值符合下列要求:<br><br>表1<br>\| 差值/% \| ≤1.8 \| 1.8<$x_D$≤2.0 \| 2.0<$x_D$≤2.2 \| >2.2 \|<br>\| 得分 \| 5 \| 3 \| 1 \| 0 \|<br><br>③两次浓差$\Delta c$:<br>\| $\Delta c$/% \| ≤0.5 \| 0.5~1.0 \| 1.0~1.5 \| 1.5~2.0 \| >2.0 \|<br>\| 得分 \| 15 \| 12 \| 9 \| 6 \| 0 \|<br><br>3. 生产稳定(5分),馏出罐液位稳定±20mm,维持稳定1分,每超过偏差10mm,缺、漏、或错,扣1分<br>4. 干扰排除(5分),判断1分,措施1分,缺漏1步扣1分 | |
| 正常停车(10min) | | 按短期停车程序操作<br>①关闭进料泵及相应管线上阀门<br>②关闭再沸器电加热<br>③关闭采出泵<br>④关闭回流泵<br>⑤记录各储罐液位<br>⑥各阀门恢复开车前状态<br>⑦关闭上水阀、回水阀<br>⑧关仪表电源和总电源 | 10 | 评判点及分值(操作顺序错误,扣相应步骤分)<br>①关闭进料泵、相应管线上阀门(2分),缺或第1步,扣1分<br>②关闭再沸器电加热(1分)<br>③关闭采出泵(1分)<br>④关闭回流泵(1分)<br>⑤记录各储罐液位(2分)、检查和记录各1分<br>⑥各阀门恢复开车前的状态(1分)<br>⑦关闭上水阀、回水阀(1分)<br>⑧关仪表电源和总电源(1分) | |

以下为详细评分表:

差值浓度评分表：

| 差值/% | ≤1.8 | 1.8<$x_D$≤2.0 | 2.0<$x_D$≤2.2 | >2.2 |
|---|---|---|---|---|
| 得分 | 5 | 3 | 1 | 0 |

两次浓差评分表：

| $\Delta c$/% | ≤0.5 | 0.5~1.0 | 1.0~1.5 | 1.5~2.0 | >2.0 |
|---|---|---|---|---|---|
| 得分 | 15 | 12 | 9 | 6 | 0 |

续表

| 操作阶段/规定时间 | 考核内容 | 操作要求 | 标准分值 | 评判点及分值 | 评分标准与说明 | 得分 |
|---|---|---|---|---|---|---|
| 安全文明操作 | 安全、文明、礼貌 | 操作符合职业要求 | 5 | 评判点及分值 ①着装符合职业要求(1分) ②正确操作设备,使用工具(2分),错误扣1分,损坏扣10分 ③操作环境整洁、有序(1分) ④文明礼貌,服从裁判人员(1分) | ①着装符合职业要求(1分) ②正确操作设备,使用工具(2分),错误扣1分,损坏扣10分 ③操作环境整洁、有序(1分) ④文明礼貌,服从裁判人员(1分) | |
| 记录与报告 | 记录与报告 | 1.记录 开车后5min记录一次数据,顶温达60℃以上时,顶温稳定后5min记录一次,记录符合要求、顶温稳定准确 2.生产报告(仅限高职组) ①原料消耗 ②产量与蒸出率 | 5 | 评判点及分值 ①记录规范真实(2分) ②报告规范、真实、准确(3分) | 不规范,不及时,不完整,发现一次扣1分,若发现数据记录誊抄,报告结果虚假扣10分 | |

表 4-4 全回流操作分析表

| 全回流稳定时间/min | 塔顶浓度/% | 两实测浓度差值/% | 两实测浓度平均值/% |
|---|---|---|---|
| | | | |
| | | | |

表 4-5 部分回流操作数据分析表

| 部分回流稳定时间/min | 塔顶产品浓度/% | 实测浓度与全回流平均浓度的绝对对值/% | 两次实测浓度的差值/% | 两实测浓度平均值/% | 原料消耗/L | 产量/L | 蒸出率/% |
|---|---|---|---|---|---|---|---|
| | | | | | | | |
| | | | | | | | |

# 任务五 液体精馏操作（二）

## 【任务描述】 «←—

液体精馏操作装置流程的视频可通过扫描二维码 M5-1 观看。

M5-1

车间原先购进的低浓度（体积分数约 20％）乙醇水溶液，现在要求利用升级改造后的常压连续普通精馏（筛板塔）中试装置验证分离效果，且处理量提升至 40～60L/h。纯度指标不变，要求在优质、高产、稳定的基础上，力争实现原材料、水电的低消耗。

图 5-1 为液体精馏操作（二）装置。

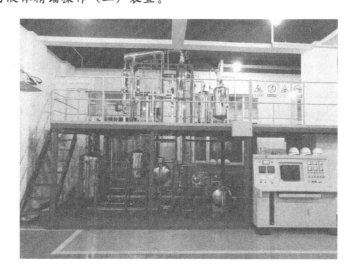

图 5-1 液体精馏操作（二）装置

## 【任务分析】 «←—

本任务仍要求用普通精馏来完成液体混合物——乙醇-水溶液的分离，操作者须对升级改造后的常压连续普通精馏装置进行开停车运行操作，操作中除满足产品产量和纯度指标要求外，还须考虑如何将水电等消耗降下来。这对操作者提出了更高的要求，即同时做到优质、高产、稳定、低耗、环保、文明规范操作等要求。

## 【实训目的】 «←—

① 能掌握并阐述连续精馏装置构成和筛板塔各部结构、用途。

② 能结合精馏装置说清精馏原理。

③ 能正确查摆精馏装置流程。

④ 能使用 DCS 操作方法，进行连续精馏装置的开、停车及运行操作。

⑤ 能根据装置运行数据分析影响精馏过程的主要因素，保持操作稳定。

⑥ 能根据装置实际情况提出并运用合理可行的措施，以降低原料、水电消耗。

## 【任务实施】 ⋘←

### 一、背画装置工艺流程图，分析工艺原理

精馏操作（二）装置工艺流程图如图 5-2 所示。要求学生能画出不同任务或局部流程图。

### 二、背画筛板式精馏塔结构图，分析工作原理

① 要求学生掌握齿轮泵和离心泵异同点及规范操作方法。

② 要求学生掌握 DCS 操作方法，会规范启动加热操作。

### 三、填写安全要点

① 操作前必须熟悉＿＿＿＿＿＿，严格按＿＿＿＿＿＿操作。

② 乙醇属于易燃易爆易挥发微毒化学品，操作过程中严禁＿＿＿，并注意保持＿＿＿＿＿，不要长期＿＿＿＿＿＿乙醇液体和＿＿＿入乙醇蒸气。

③ 装置采用＿＿＿＿＿预热原料和加热再沸器内料液，再沸器内液位高度须超过＿＿＿才可以启动再沸器＿＿＿＿进行加热，原料预热器启动时应保证液位＿＿＿＿，严防＿＿＿损坏设备。加热时，应＿＿＿＿＿加热电压，使温度＿＿＿＿＿＿。升温速度过快，易造成视镜破裂（热胀冷缩）和大量轻、重组分同时蒸发至塔顶，＿＿＿＿＿＿（延长/缩短）系统达到平衡的时间。

④ 注意用电安全，特别是读取电表读数时，人不要过于贴近和接触高压电柜，无关人员不要在附近逗留、靠近。开关高压电柜前，必须经指导教师允许，且须正确穿戴劳动保护用品，站在＿＿＿＿＿＿垫上。

⑤ 进料泵属于＿＿＿＿＿＿泵，产品泵和回流泵属于＿＿＿＿＿＿泵，注意二者使用时的区别。

⑥ 操作中，应监视好温度、压力、流量、液位等工艺控制指标是否正常，发现异常应查找原因或上报指导教师及时处理，严防超＿＿＿＿、超＿＿＿＿、超＿＿＿＿＿＿。

### 四、开车准备

开车准备视频可通过扫描二维码 M5-2 观看。

① 检查控制台电源供电是否正常，打开控制台电源总开关、仪表电源总开关、仪表电源开关、报警器电源开关；打开电脑，进入"实时监控"系统，检查 DCS 操作界面是否正常。

M5-2

② 检查现场所有设备及仪表是否处于完好备用状态。

③ 检查现场原料罐内是否已配制好体积分数为 20% 左右的乙醇-水溶液 550mm 以上，预热器、再沸器、塔顶产品罐、回流罐是否已清空，塔釜残液罐内是否有足够的空间或已清空。

④ 检查现场原料罐、残液罐、回流罐和产品罐的放空阀、精馏塔进料板入口阀（第 10 块和第 12 块塔板）是否处于打开状态，其他所有阀门是否处于关闭状态。

⑤ 检查循环冷却水等公用系统是否处于完好备用状态。

⑥ 记录水表、电表、原料罐液位计初始值（见表 5-1）。

### 五、正常开车

#### 1. 灌塔进料

灌塔进料视频可通过扫描二维码 M5-3 观看。

M5-3

规范启动进料泵进行灌塔进料。打开进料泵入口阀（见图 5-3），开启进料泵电源开关启动进料泵，打开进料泵出口球阀，当再沸器液位达到规定值（一般在 85～105mm 处）时，关闭进料泵出口球阀，关闭进料泵电源开关。关闭进料泵入口阀、精馏塔进料板入口阀。

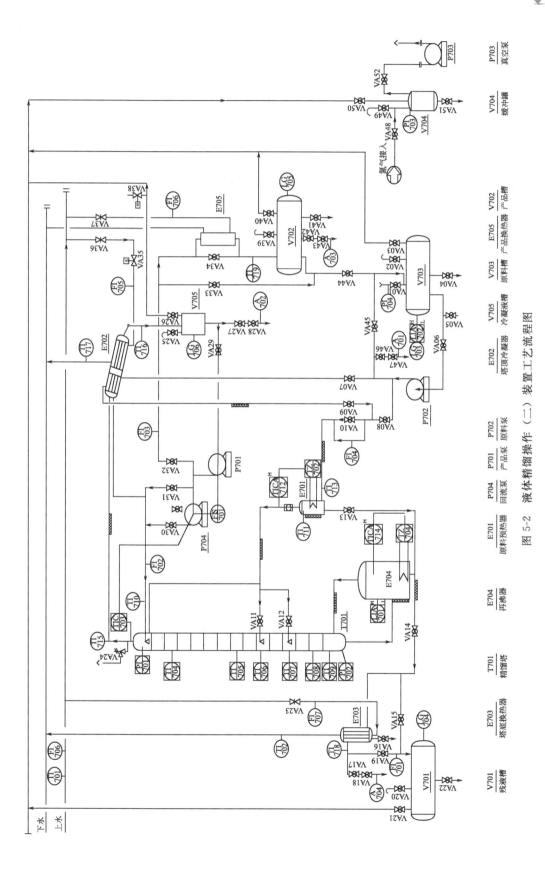

图 5-2  液体精馏操作（二）装置工艺流程图

P703 真空泵 V704 缓冲罐 V702 产品槽 E705 产品换热器 V703 原料槽 V705 冷凝液槽 E702 塔顶冷凝器 P702 原料泵 P701 产品泵 P704 回流泵 E701 原料预热器 E704 再沸器 T701 精馏塔 E703 塔底换热器 V701 残液槽

日期：　　年　　月　　日（星期　　）

班级：　　　　　组长：　　　　　记录员：

## 表 5-1　液体精馏操作（二）数据记录表

| 时间 | 进料系统 | | | | | | 塔系统 | | | | | | | | | | 冷凝系统 | | | 回流、产品系统 | | | | | | 残液系统 | |
|---|---|---|---|---|---|---|---|---|---|---|---|---|---|---|---|---|---|---|---|---|---|---|---|---|---|---|---|
| | 原料罐液位/mm | 进料流量/(L/h) | 预热器加热开度/% | 进料温度/℃ | 再沸器液位/mm | 再沸器加热开度/% | 再沸器温度/℃ | 第三塔板温度/℃ | 第八塔板温度/℃ | 第十塔板温度/℃ | 第十二塔板温度/℃ | 第十四塔板温度/℃ | 塔底蒸汽温度/℃ | 塔底压力/kPa | 塔顶压力/kPa | 塔顶蒸汽温度/℃ | 冷凝液温度/℃ | 塔顶冷凝器冷却水流量/(L/h) | 冷却水出口温度/℃ | 塔顶温度/℃ | 回流温度/℃ | 回流流量/(L/h) | 回流罐液位/mm | 产品流量/(L/h) | 产品罐液位/mm | 残液流量/(L/h) | 冷却水流量/(L/h) |
| | | | | | | | | | | | | | | | | | | | | | | | | | | | |
| | | | | | | | | | | | | | | | | | | | | | | | | | | | |
| | | | | | | | | | | | | | | | | | | | | | | | | | | | |
| | | | | | | | | | | | | | | | | | | | | | | | | | | | |
| | | | | | | | | | | | | | | | | | | | | | | | | | | | |
| | | | | | | | | | | | | | | | | | | | | | | | | | | | |
| | | | | | | | | | | | | | | | | | | | | | | | | | | | |
| | | | | | | | | | | | | | | | | | | | | | | | | | | | |

续表

| 时间 | 进料系统 | | | | 塔系统 | | | | | | | | | | | | 冷凝系统 | | | 回流、产品系统 | | | | | 残液系统 | |
|---|---|---|---|---|---|---|---|---|---|---|---|---|---|---|---|---|---|---|---|---|---|---|---|---|---|---|
| | 原料罐液位 /mm | 进料流量 /(L/h) | 预热器加热开度 /% | 进料温度 /℃ | 再沸器液位 /mm | 再沸器加热开度 /% | 再沸器温度 /℃ | 第三塔板温度 /℃ | 第八塔板温度 /℃ | 第十塔板温度 /℃ | 第十二塔板温度 /℃ | 第十四塔板温度 /℃ | 塔底蒸汽温度 /℃ | 塔底压力 /kPa | 塔顶压力 /kPa | 塔顶蒸汽温度 /℃ | 冷凝液温度 /℃ | 塔顶冷凝器冷却水流量 /(L/h) | 冷却水出口温度 /℃ | 塔顶温度 /℃ | 回流温度 /(L/h) | 回流罐液位 /mm | 产品流量 /(L/h) | 产品罐液位 /mm | 残液流量 /(L/h) | 冷却水流量 /(L/h) |
| | | | | | | | | | | | | | | | | | | | | | | | | | | |
| | | | | | | | | | | | | | | | | | | | | | | | | | | |
| | | | | | | | | | | | | | | | | | | | | | | | | | | |
| | | | | | | | | | | | | | | | | | | | | | | | | | | |
| | | | | | | | | | | | | | | | | | | | | | | | | | | |
| | | | | | | | | | | | | | | | | | | | | | | | | | | |
| | | | | | | | | | | | | | | | | | | | | | | | | | | |
| | | | | | | | | | | | | | | | | | | | | | | | | | | |
| | | | | | | | | | | | | | | | | | | | | | | | | | | |

原料水电消耗：水表（初值）： m³ 终值： m³ 水耗： m³；电表（初值）： kW·h 终值： kW·h 电耗： kW·h
原料消耗=（初值-终值）×0.305= mm 得分：

产量、质量：产品浓度： 产量： kg 得分：

系统稳定时间及指标合理性：调节系统稳定的时间得分： 进料温度与进料板温度差： ℃ 再沸器液位： 塔顶压力： kPa 塔压差： kPa 得分：

成绩评分：系统评分： 分析原因： 裁判评分： 最终成绩：

成绩：

主操： 一操： 二操： 指导老师：

原料罐　　　预热器　　　再沸器　　　　　精馏塔　　塔底换热器

进料泵出口球阀　　　进料泵　　　　　　　残液罐

图 5-3　液体精馏装置（二）各部位名称指示（一）

**2. 启动再沸器加热**

启动再沸器加热的视频可通过扫描二维码 M5-4 观看。

① 在 DCS 系统操作界面上依次点击"翻页"（图标）、"评分表"、"确认"、"是"、"清零"、"是"、"复位"、"是"、"翻页"（图标）、"精馏流程图"、"考核开始"、"是"按钮。

M5-4

② 规范操作加热系统。打开控制台上再沸器加热开关，并在 DCS 系统操作界面上赋值（0～100），启动再沸器加热（详见附录三 3. 大赛版精馏装置启动再沸器加热和调节加热功率的方法）；打开预热器加热开关并赋值（0～100），启动预热器加热。

**3. 通塔顶冷凝器冷却水**

通塔顶冷凝器冷却水的视频可通过扫描二维码 M5-5 观看。

注意塔釜温度变化趋势，适时打开冷却水上、下水总阀、塔顶冷凝器冷却水流量阀（即转子流量计前阀，见图 5-4），调节冷却水流量，向塔顶冷凝器（壳程）通入冷却水。

M5-5

**4. 调节再沸器加热量**

调节再沸器和预热器加热量的视频可通过扫描二维码 M5-6 观看。

注意各塔板温度变化趋势，适时改变再沸器加热赋值（0～100），防止将重组分水过多的带至塔顶。调节加热量至适宜、稳定。

M5-6

**5. 调节预热器加热量**

注意预热器现场温度变化趋势，适时改变预热器加热赋值（0～100），防止温度过高，甚至干烧。调节预热器加热量至适宜、稳定。

**6. 全回流**

全回流的视频可通过扫描二维码 M5-7 观看。

M5-7

图 5-4 液体精馏装置（二）各部位名称指示（二）

规范控制塔顶压力、塔压差、塔顶温度、塔釜温度、塔釜液位等参数达合理指标范围，当回流罐内有适当液位时，规范启动产品泵、回流泵：打开产品泵和回流泵入口阀（即回流罐底阀）、回流流量计前球阀（启动回流泵时此阀可不开，见图 5-4）、回流流量计流量调节手阀，打开控制台产品泵、回流泵开关，在 DCS 操作界面上给回流泵变频赋值（0～100），开始进行全回流操作。调节回流液流量至适宜、稳定。

适时打开回流罐放空阀，排放不凝气，并维持塔顶压力稳定在合理指标范围内。

过程中控制好相关工艺参数，争取在较短时间内、较少的调控频率实现操作稳定，建立平衡。全回流稳定一段时间后，规范取样分析塔顶产品浓度，做好记录（见表 5-1）。

注意：控制好温度、压力、流量、液位等参数在合理指标范围内，严禁超温、超压、超负荷操作。

**六、正常生产**

分析全回流产品浓度合格后，可转为正常生产。过程中控制好相关工艺参数，保持操作稳定，力争优质、高产、低消耗。

M5-8

1. 连续进料

连续进料的视频可通过扫描二维码 M5-8 观看。

规范启动进料泵：在 DCS 操作界面上选择进料板，打开现场相应进料阀，打开进料泵入口阀，开启进料泵电源开关启动进料泵，打开进料泵出口转子流量计流量调节手阀，调节适宜的进料流量（小于 60L/h），开始连续进料。注意：控制好进料温度，预热器出口温度（TICA712）范围为 75～85℃，高限报警为 $H=85$℃（具体根据原料的浓度来调整），严禁预热器憋压、干烧。

**2. 塔顶产品采出**

塔顶产品采出的视频可通过扫描二维码 M5-9 观看。

M5-9

根据情况适时采出塔顶产品。打开产品罐入口阀、产品冷却器（见图 5-4）冷却水流量调节手阀，调节适当的冷却水流量，保证产品温度不高于 50℃。打开产品采出流量计流量调节手阀，调节适当的采出流量。

**3. 塔釜排残液**

塔釜排残液的视频可通过扫描二维码 M5-10 观看。

M5-10

当塔釜温度或液位过高时，开始排残液。打开塔底换热器（见图 5-3）冷却水流量阀，调节适当冷却水流量，打开再沸器底出料阀，打开残液罐入口流量计流量调节手阀，调节适当的残液排出流量。注意：再沸器液位低限报警为 $L=84$mm，再沸器温度高限报警为 $H=100℃$（具体根据原料的浓度来调整），严禁再沸器干烧。

**七、正常停车**

正常停车视频可通过扫描二维码 M5-11 观看。

M5-11

**1. 停止进料及加热**

关闭进料泵出口转子流量计流量调节手阀，关闭进料泵电源开关停止进料；预热器赋值归零，关闭预热器电源开关停预热；再沸器赋值归零，关闭再沸器电源开关停止再沸器加热。

**2. 停止回流**

回流泵赋值归零，关闭回流泵电源开关，点击 DCS 界面上"考核结束""是"按钮，关闭现场回流转子流量计流量调节手阀、回流流量计前球阀停止回流。

**3. 停止塔顶采出**

将回流罐内合格产品送入塔顶产品罐后，关闭产品泵电源开关，关闭产品流量计流量调节手阀，停塔顶产品采出。

**4. 停止塔釜采出**

关闭再沸器底出料阀、残液罐入口流量计流量调节手阀，停止排出塔釜残液。

**5. 切断冷却水**

关闭塔顶冷凝器冷却水入口阀、产品冷却器冷却水入口阀、塔底换热器冷却水入口阀，关闭冷却水上水总阀、回水总阀，停冷却水。

**6. 收集并称量塔顶产品，取样进行气相色谱分析**

正确记录水表、电表、原料罐液位等读数，在 DCS 操作界面上点击"翻页"（图标）、"评分表"，将浓度、电耗、水耗、原料消耗、产量等录入评分表，点击"确认""是"按钮，系统将自动生成考核得分。将现场所有阀门归为初始状态，退出 DCS 实时监控系统，关闭电脑，关闭控制台相应电源开关。

**【考核评价】** <<<——

根据学生完成任务情况，填写表 5-2。

**【问题讨论】** <<<——

任务中采用的是常压操作，可否采用减压操作？减压操作能否降低消耗？

表5-2　液体精馏操作（二）考核评分表

| 考核项目 | 评分项 | 评分规则 | 分值 |
|---|---|---|---|
| 工艺指标合理性（单点式记分） | 进料温度 | 进料温度需控制在(75±10)℃，超出范围持续一定时间系统将自动扣分 | 15 |
| | 再沸器液位 | 再沸器液位需要维持稳定在85～105mm之间，超出范围持续一定时间系统将自动扣分 | |
| | 塔顶压力 | 塔顶压力需控制在5kPa以内，超出范围持续3min系统将自动扣分0.2分/次 | |
| | 塔压差 | 塔压差需控制在10kPa以内，超出范围持续3min系统将自动扣分0.2分/次 | |
| | 调节系统稳定的时间（非线性记分） | 以选手按下实验开始键时为起始信号，终止信号由电脑根据操作者的实际塔顶温度经自动判断（约30min）。然后由系统设定的扣分标准进行自动记分 | 5 |
| 技术指标 | 产品浓度评分（非线性记分） | 气相色谱 GC 测定产品中最终产品浓度 85%～95%（0～满分），按系统设定的扣分标准进行自动记分 | 15 |
| | 产量评分（线性记分） | 电子秤称量产品产量（以纸乙醇计），0～30kg（0～满分），按系统设定的扣分标准进行自动记分 | 15 |
| | 原料损耗量（非线性记分） | 裁判读取原料储槽液位，计算原料消耗量，并输入到计算机中，按系统设定的扣分标准进行自动记分 | 10 |
| | 电耗评分（主要考核单位产品的电耗量）（非线性记分） | 裁判读取装置装置用电总量，并输入到计算机中，按系统设定的扣分标准进行自动记分 | 5 |
| | 水耗评分（主要考核单位产品的水耗量）（非线性记分） | 裁判读取装置装置用水总量，并输入到计算机中，按系统设定的扣分标准进行自动记分 | 5 |
| 规范操作 | 开车准备（5分） | ①开启总电源、仪表盘电源，查看电压表温度显示，实时监控仪，并点击 DCS 控制界面中"比赛开始"，开始计时（1分）<br>②检查并确定工艺流程中各阀门状态，调整至准备开车状态（1分）<br>③记录电表初始读数，记录原料罐冷却水进、出口阀，调节冷却水流量（1分）<br>④检查并抽空回流罐，产品罐中积液（1分）<br>⑤打开冷却水回水、上水阀，查有无供水、关上水阀，并记录下水表初始值（1分） | 20 |
| | 开车操作（6分） | ①开启精馏塔再沸器加热系统，升温（1分）<br>②开启精馏塔塔顶冷凝器冷却水系统（1分）<br>③当回流罐液位达到适当液位时，规范操作回流泵（齿轮泵）（0.5分），进行全回流操作（0.5分）<br>④控制回流罐液位，整制系统稳定性（评分系统自动扣分）（1分）<br>⑤适时打开回流罐放空阀，排放不凝气体（1分）<br>⑥选择合适的进料位置（0.5分），规范操作进料泵（离心泵）（0.5分），规范操作进料进入精馏塔（0.5分），进料流量≤40L/h（原料进入精馏塔前需预热至约75℃，必须防止预热器过压操作）（1分） | |

续表

| 考核项目 | 评分项 | 评分规则 | 分值 |
|---|---|---|---|
| 规范操作 | 正常运行(2分) | ①规范操作采采出泵(齿轮泵)(0.5分),启动塔顶产品罐冷却器(0.5分),气相色谱测试不超过2次 | |
| | | ②启动塔釜产品罐冷却器(0.5分),将塔釜残液冷却至60℃以下后,收集塔底产品(0.5分) | |
| | 正常停车(7分) | ①停进料泵(离心泵)(0.5分),关闭相应管线上阀门(0.5分) | |
| | | ②停止预热器加热(0.5分)及再沸器电加热(0.5分) | |
| | | ③停回流泵(齿轮泵)(1分) | |
| | | ④将回流罐内合格产品送入产品槽(0.5分),停采出泵(齿轮泵)(0.5分) | |
| | | ⑤关闭上水阀、回水阀,并正确记录水表、电表读数(1分) | |
| | | ⑥各阀门恢复初始开车前的状态(错一处扣0.5分,共1分) | |
| | | ⑦记录原料储罐液位,收集并称量塔顶产品(0.5分),取样进行气相色谱分析(0.5分) | |
| 文明操作 | 文明操作 礼貌待人 | ①穿着符合安全生产与文明操作要求(1分) | 10 |
| | | ②保持现场环境整齐、清洁、有序(1分) | |
| | | ③正确操作设备,使用工具(1分) | |
| | | ④文明礼貌,服从裁判,尊重工作人员(1分) | |
| | | ⑤记录及时(5min记一次)、完整、规范、真实、准确,否则发现一次扣1分,共6分,扣完为止 | |
| | | ⑥记录结果虚假扣全部文明操作分10分 | |
| 安全操作 | 安全生产 | 如发生人为的操作安全事故(如再沸器/预热器干烧、损坏设备、操作不当导致的严重泄漏、超压、伤人等情况),扣除全部操作分30分 | |

注:此表摘自2013年《全国职业院校技能大赛高职组化工生产技术赛项精馏竞赛项考核评分细则》。

# 任务六　液-液萃取操作

液-液萃取操作装置流程的视频可通过扫描二维码 M6-1 观看。

① 生产中要将煤油中 1% （体积分数）的苯甲酸分离，并验证鼓泡式填料萃取塔中试装置分离效果。用水作萃取剂，处理量为 20L/h。

② 要求标定鼓泡式填料萃取塔操作条件下的性能，提出技改措施。

图 6-1 为液-液萃取操作装置。

M6-1

图 6-1　液-液萃取操作装置

【任务分析】 <<<←

本任务要求用萃取来完成液体混合物——苯甲酸-煤油溶液的分离，操作者须对萃取塔中试装置进行开停车运行操作，并依据相关公式采集整理数据，分析性能。

【实训目的】 <<<←

① 能掌握并阐述萃取装置构成和鼓泡式填料萃取塔各部结构、用途、工作原理。
② 能结合萃取装置说清萃取过程原理。
③ 能正确查摆萃取操作装置流程。
④ 能使用 DCS 操作方法，进行萃取操作装置的开停车及运行操作。
⑤ 能根据装置运行数据分析影响萃取过程的主要因素，保持操作稳定。
⑥ 能标定鼓泡式填料萃取塔操作条件下的性能。

【任务实施】 <<<←

**一、背画带控制点的工艺流程图，分析工艺原理**

萃取操作装置工艺流程图如图 6-2 所示。

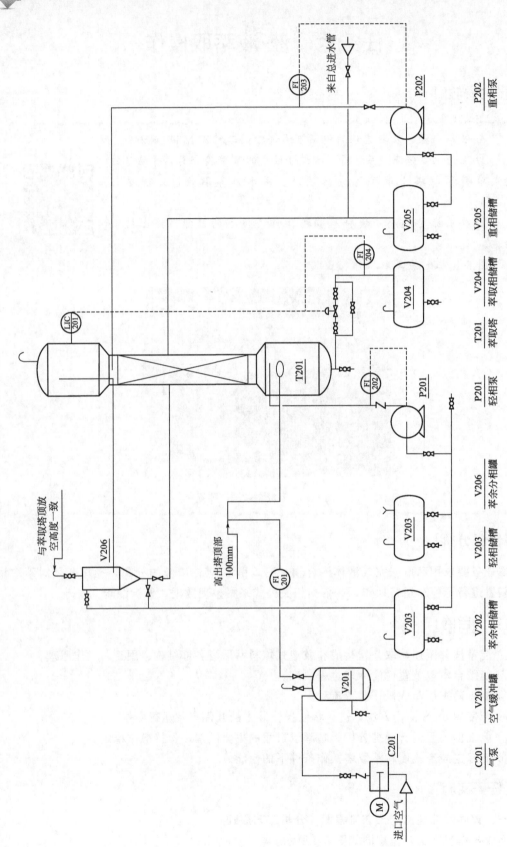

图 6-2 液-液萃取操作装置工艺流程图

C201 气泵
V201 空气缓冲罐
V202 萃余相储槽
V203 轻相储槽
V206 萃余分相罐
P201 轻相泵
T201 萃取塔
V204 萃取相储槽
V205 重相储槽
P202 重相泵

进口空气

**二、背画鼓泡式填料萃取塔的结构图，分析工作原理**

① 要求学生熟悉隔膜式计量泵、微型气泵的结构性能特点及规范操作。

② 要求学生熟悉金属浮子流量计（远传）的特点及使用；熟悉萃取相流量自控系统的使用。

**三、填写萃取塔效能标定原理**

萃取塔的分离效率可以用传质单元高度或理论级当量高度表示。传质单元高度 $H_{OR}$ 反映萃取设备传质性能的好坏，$H_{OR}$ 越大，设备效率越____。影响萃取设备传质性能 $H_{OR}$ 的因素很多，主要有设备结构因素、两相物性因素、操作因素以及外加能量的形式和大小等。

1. 总传质单元高度 $H_{OR}$ 的计算

按萃余相基准的总传质单元数和总传质单元高度满足：

$$H = H_{OR} N_{OR}$$

式中 $H$——萃取塔的有效接触高度，m；

$H_{OR}$——萃余相基准的总传质单元高度，表示设备传质性能的好坏程度，m；

$N_{OR}$——萃余相基准的总传质单元数，表示过程分离的难易程度。

$$N_{OR} = \int_{X_R}^{X_F} \frac{\mathrm{d}X}{X - X^*}$$

式中 $X$——溶质在塔内某一高度处萃余相中的质量比组成；

$X^*$——溶质在与塔内某一高度处萃取相组成 $Y$ 成平衡的萃余相中的质量比组成；

$X_F$，$X_R$——分别表示溶质在进入塔底原料液和高开塔顶的萃余相中的质量比组成。

若平衡线为直线 $Y = kX$，则可按下式计算 $N_{OR}$

$$N_{OR} = \frac{X_F - X_R}{\Delta X_m}$$

式中 $\Delta X_m$ 为传质平均推动力，计算方法为：

$$\Delta X_m = \frac{(X_F - Y_E/k) - X_R}{\ln \dfrac{X_F - Y_E/k}{X_R}}$$

式中 $Y_E$——溶质在出塔萃取相中的质量比组成；

$k$——分配系数。

于是：$H_{OR} = H/N_{OR}$，其大小反映萃取设备传质性能的好坏。

2. 萃取效率的计算

$$\eta = \frac{FX_F - RX_R}{FX_F}$$

3. 按萃余相计算的体积总传质系数

$$K_{XR}\alpha = \frac{S}{H_{OR}\Omega}$$

式中 $S$——萃取相中纯溶剂的流量，kg/h；

$\Omega$——萃取塔截面积，m²；

$K_{XR}\alpha$——按萃余相计算的体积总传质系数。

**四、填写安全要点**

① 煤油属易____易____易____毒类化学品，操作过程须____，室内须_____。灌装时

应注意流速（不超过____ m/s），且有_____装置，防止静电积聚。

② 苯甲酸属有毒、有害、_____化学品。遇高热、明火或与氧化剂接触，有引起____的危险。

M6-2

③ 注意动设备（隔膜计量泵、微型气泵）的规范操作。

### 五、开车准备

开车准备视频可通过扫描二维码 M6-2 观看。

① 检查控制台电源供电是否正常，开启电源空气开关、24V 电源开关、仪表电源开关、报警器电源开关。开启电脑，进入 DCS 实时监控界面。

② 将装置上所有的放空阀调至开启状态，其余阀门调至关闭状态。

### 六、正常开车

#### 1. 将萃取剂通入萃取塔

将萃取剂通入萃取塔的视频可通过扫描二维码 M6-3 观看。

M6-3

开启萃取剂泵（见图 6-3）进口阀，在 DCS 控制台上开启萃取剂泵电源开关启动萃取剂泵，在 DCS 界面上调节萃取剂泵流量至最大（参见附录三 3. 大赛版精馏装置启动再沸器加热和调节加热功率的方法）。当萃取剂的液位在塔顶玻璃管段 1/3 处左右，将萃取剂泵流量调为 20L/h 左右，开启电动调节阀前置阀、后置阀以及萃取相储槽（见图 6-3）进口阀，在 DCS 操作界面上控制电动调节阀的流量为 20L/h 左右。

图 6-3　液-液萃取装置各部位名称指示

#### 2. 向塔内通空气

向塔内通空气的视频可通过扫描二维码 M6-4 观看。

开启空气缓冲罐（见图 6-3）进口阀，开启气泵电源开关，关闭空气缓冲罐放空阀，控制空气缓冲罐内的压力在 0.04MPa 之内，缓慢开启空气缓冲罐出口阀，控制空气的流量保证塔内鼓泡适量。

M6-4

### 3. 向塔内加原料

向塔内加原料的视频可通过扫描二维码 M6-5 观看。

开启原料泵（见图 6-3）进口阀，启动原料泵，在 DCS 操作界面上控制原料泵流量，向塔内加原料。

### 4. 取样分析

取样分析的视频可通过扫描二维码 M6-6 观看。

控制系统稳定，当萃余相溢流超过 15min 后，规范取样分析。

M6-5

M6-6

### 5. 变条件操作

改变鼓泡空气、轻相、重相流量，获得 3～4 组实验数据，做好操作记录（见表 6-1），比较不同条件下的萃取效果。

表 6-1　液-液萃取操作数据记录表

班级：　　　　　　　　　　组长：　　　　　　　　　　　　　　记录员：

操作人员：

年　　月　　日(星期　　)　　时　　分至　　时　　分

| 时间<br>/min | 缓冲罐<br>压力<br>/MPa | 分相器液位<br>/mm | 空气流量<br>/(m³/h) | 萃取相流量<br>/(kg/h) | 萃余相流量<br>/(kg/h) | 溶质在萃余相进口中的质量比组成 | 溶质在萃余相出口中的质量比组成 | 溶质在萃取相出口中质量比组成 | 萃取效率<br>/% | 操作记事 |
|---|---|---|---|---|---|---|---|---|---|---|
|  |  |  |  |  |  |  |  |  |  |  |
|  |  |  |  |  |  |  |  |  |  |  |
|  |  |  |  |  |  |  |  |  |  |  |
|  |  |  |  |  |  |  |  |  |  |  |
|  |  |  |  |  |  |  |  |  |  |  |
|  |  |  |  |  |  |  |  |  |  | 异常情况记录 |
|  |  |  |  |  |  |  |  |  |  |  |
|  |  |  |  |  |  |  |  |  |  |  |

## 七、正常停车

正常停车视频可通过扫描二维码 M6-7 观看。

### 1. 停原料泵

先在 DCS 操作界面上将原料泵的流量设为零，再关闭原料泵电源，关闭原料泵出口阀。

### 2. 停气泵

当萃取塔内、萃余分相罐内轻相均排入萃余相储槽（见图 6-3）后，关闭转子流量计入口阀，关闭空气缓冲罐出口阀、进口阀，停泵，关闭泵电源，开启缓冲罐放空阀。

M6-7

### 3. 停萃取剂泵

在 DCS 界面上将萃取剂泵流量设为零，关闭萃取剂泵电源，关闭萃取剂泵入口阀。将萃余分相罐内重相、萃取塔内重相排空。

### 4. 退出控制系统

退出 DCS 实时监控系统界面，关闭电脑，关闭仪表电源和控制柜电源，停车结束。

## 八、计算萃取效率 $\eta$、计算传质单元高度 $H_{OR}$

根据采集数据计算萃取效率 $\eta$；计算操作条件下的鼓泡式填料萃取塔的传质单元高度 $H_{OR}$，并分析塔的性能，提出技改措施。

### 【考核评价】 <<<—

根据学生完成任务的情况，填写表 6-2。

表 6-2　液-液萃取操作考核评分表

(考核时间：60min)

| 序号 | 考核内容 | 考核要点 | 配分 | 评分标准 | 检测结果 | 扣分 | 得分 | 备注 |
|---|---|---|---|---|---|---|---|---|
| 1 | 准备工作 | 穿戴劳保用品 | 3 | 未穿戴整齐扣3分 | | | | |
| 2 | | 人员分工等准备 | 2 | 分工不明确扣2分 | | | | |
| 3 | | 检查现场相关设备、仪表和控制台仪电系统是否完好备用 | 3 | 漏查1项扣1分 | | | | |
| 4 | | 检查所有阀门开关状态是否处于正确状态 | 5 | 漏查1道阀门扣0.5分 | | | | |
| 5 | | 检查轻、重相储槽内是否有足够的原料、水，萃取塔、萃余分相罐、萃取相储槽、萃余相储槽是否已清空或有足够空间 | 5 | 漏查1项扣1分 | | | | |
| 6 | 操作程序 | 规范启动萃取剂泵，控制液位稳定在塔顶玻璃视镜1/3处，流量稳定在要求指标范围内 | 10 | 不按要求操作扣1~10分 | | | | |
| 7 | | 规范启动气泵，维持塔内一定的鼓泡数量 | 5 | 不按要求操作扣1~5分 | | | | |
| 8 | | 规范启动原料泵，控制油水界面稳定在塔顶玻璃视镜1/3处 | 10 | 不按要求操作扣1~10分 | | | | |
| 9 | | 按要求控制萃余分相罐油水分界面 | 10 | 不按要求操作扣1~10分 | | | | |
| 10 | | 系统稳定运行20min后，规范取样分析 | 10 | 不按要求操作扣1~10分 | | | | |
| 11 | | 规范停原料泵 | 5 | 停泵不规范扣5分 | | | | |
| 12 | | 轻相全部排入萃余相罐后停萃取剂泵 | 10 | 不按要求操作扣10分 | | | | |
| 13 | | 规范停气泵 | 5 | 停泵不规范扣5分 | | | | |
| 14 | | 现场阀门归为初始状态 | 3 | 漏1道阀扣0.5分 | | | | |
| 15 | | 控制台仪表设定值归零 | 2 | 漏1块仪表扣1分 | | | | |
| 16 | | 关仪表电源，关总电源 | 2 | 漏1个开关扣1分 | | | | |
| 17 | | 萃取效率计算 | 10 | 方法错扣5~10分，结果错扣2分 | | | | |

| 序号 | 考核内容 | 考核要点 | 配分 | 评分标准 | 检测结果 | 扣分 | 得分 | 备注 |
|---|---|---|---|---|---|---|---|---|
| 18 | 安全及其他 | 按国家法规或有关规定 | | 违规一次总分扣 5 分；严重违规停止操作，总分为零分 | | | | |
| 19 | | 在规定时间内完成操作 | | 每超时 1min 总分扣 5 分，超时 3min 停止操作 | | | | |

## 【问题讨论】 <<<——

讨论萃取与吸收、精馏的区别与联系。

模块三

# 拓展实训项目

【内容提要与训练目标】 <<<——

　　本模块主要阐述与化工单元操作有关的管路拆装、塔盘拆装等的基本技能。拆装训练能有效提高学生对本专业知识技能的学习兴趣，更可让学生看到设备内部结构，提高对塔设备等的工作原理的理解能力。

　　训练目标：

　　① 能阐述管路系统构成及基本知识，阐述塔设备的内部结构名称及作用等；

　　② 训练化工管路检修和塔设备检修中最基本的管路拆装和塔盘拆装等技能；

　　③ 通过拆装训练，培养协作精神，树立工程观念，增强责任意识。

# 任务七　化工管路拆装

【任务描述】 <<<——

　　管路拆装任务描述的视频可通过扫描二维码 M7-1 观看。

　　装置现场某输送系统（常温低压）的管路部分需要拆除检修（图 7-1）并回装交付使用。

M7-1

图 7-1　化工管路拆装现场示意图

要求：

① 如时间允许，应先绘出管道布置图后按图施工；

② 符合化工管路拆除和安装技术要求，在满足工艺需要、便于操作的同时，管路安装应做到横平竖直，无泄漏点。

## 【任务分析】

本实训不以检修为目的，主要目的是练习法兰连接管路的拆卸和安装技术。

化工管路的检修最需要注意的安全问题是介质的危险性问题，要树立化工管路检修安全意识，施工人员在拿到相应作业票进入作业面检修拆卸之前，一定要弄清楚以下问题：

① 管路内原来走的是哪种介质？

② 介质的危险性有哪些？

③ 是否还有残压和残液？

④ 如何检验并做到安全排放？

注：本实训教学装置中使用介质为生活用自来水，运行中压力不超过 0.4MPa（表压）。

另外，由于实训中所使用工具零件、管段阀件等为金属制成，体积大、重量大，容易在使用和搬运过程中发生碰伤或砸伤危险，故实操前的安全教育必不可少。为提高实训的安全性，指导教师有责任在课前充分讲解（必要时示范）安全纪律规范要求，并建议与每一位学生签署"管路拆装实训安全承诺书"（见下文）。

根据任务描述，操作者首先须熟悉化工管路拆除和安装的技术要求。在拆装准备过程中，须做好管路布置草图绘制和工具材料选择备齐等工作。拆卸时，须特别注意化工管路介质的危险性问题。安装时，对于法兰连接管路须掌握其安装技术要领。

完成此任务，可按照拆装准备、拆卸和清理检查、回装、打压试漏等步骤进行。

为提高实训教学效果，可以分组竞赛形式进行。

## 【实训目的】

① 正确识读和绘制化工管路布置图，并根据管道布置图铺设管路。

② 正确选择和使用常见拆装工具，能分清不同类型扳手的使用场合。

③ 能按技术要求拆卸和安装管路，会正确拆卸和安装法兰。

④ 通过试漏，对回装泄漏点进行故障分析和排除。

## 【任务实施】

### 一、安全教育

1. 讲事故案例

（1）扳手"打脸"

环境 153 某班一男生在紧固法兰螺栓时，由于着急交工，扳口没有完全压实从螺栓上脱落，打到旁边一学生脸部腮处，所幸没有受伤。

（2）残压崩人

石化公司某年大修，一工人师傅坐在罐顶法兰盖上逐个拆卸法兰螺栓，当拆到最后一道螺栓时，法兰盖被罐内残压突然崩开，将这位师傅崩起，跌落摔伤。

（3）手指砸伤

2015 年化工设备维修实训车间一学生不听指导教师劝阻，好胜心切，独自一人将一油泵泵体抬起，不慎将自己手指砸伤。

2. 讲注意事项，演示操作方法

可参照以下"管路拆装实训安全规范操作口诀"，由指导教师边演示边讲解安全注意事项和正确的拆装技术方法。

### 管路拆装实训安全规范操作口诀

劳动保护佩戴齐，工具材料选备好。
确保清楚作业面，该不该拆要记牢。
前线后方联系紧，分工配合效率高。
各组之间不交叉，互不干扰安全保。

拆卸原则应遵守，先后顺序勿颠倒。
管内残液须放净，拆前谨慎莫急躁。
法兰螺栓要拆卸，隔一拆一有必要。
旋松螺栓分几轮，莫要一次拆卸掉。
有无残压须试探，侧身微微尖扳撬。
化工管路较复杂，确认安全是基调。
身体重心须稳固，用力过猛易摔倒。
扳口压实再用力，工具脱落别闪腰。
工具岂能随意放，不慎掉落砸伤脚！
拆下部件放垫上，整齐码放不乱套。
螺栓螺母不分家，终归还是原配好。
超长管段若移动，前后左右照顾到。
较重部件两人抬，指定一人喊口号。

清理检查无问题，有条不紊复原貌。
按图组装合要求，装错返工真心焦。
回装管路有原则，先松后紧最重要。
不以为然先上劲，对接不上才开窍。
法兰垫片勿忘加，垫片放正改锥调。
对接面处手勿伸，挤压受伤疼得嗷！
螺栓紧固分几轮，先后顺序须对角。
拧紧螺栓力量匀，切忌误将蛮力靠。
螺杆螺母拧哪个，怎将螺纹保护好？
螺栓方向有章法，整齐划一细节要。
面平口正力道匀，法兰组装质量好。
横平竖直显美观，符合规范水平高。
验收试压无漏点，全体组员乐陶陶！

3. 签承诺书

教师可在做完前两项安全教育之后，与学生签署以下"管路拆装实训安全承诺书"。

＿＿＿＿＿＿＿班管路拆装实训安全承诺书

为确保管路拆装相关实训安全、顺利进行，明确相关事故责任，特提出以下安全纪律责任要求以期遵守。

管路拆装作业前，教师应向全体学生详细讲解"管路拆装实训安全规范操作口诀"所列有关安全注意事项。若讲解后仍不清楚，学生应当主动提出解答请求，教师应耐心解答直到学生明确为止。学生进行管路拆装作业时，教师应尽可能跟随监督，并尽可能及时提醒和制止学生可能出现的不安全行为。学生应认真听取并在实训中加以注意和遵守，如学生未按要求去做而发生意外事故，应由学生本人负责。

学生承诺内容——我已仔细阅读上述内容，并知晓和理解教师讲解"管路拆装实训安全规范操作口诀"所有安全注意事项。在此郑重承诺：实训自始至终，严格按上述要求去做，否则出现一切后果，由我本人承担。

承诺人（学生）签字：

指导教师承诺内容——我承诺：按此承诺书要求，认真履行指导教师应有职责，尽力确保学生实训安全顺利进行。

承诺人（指导教师）签字：

　　　　　　　　　　　　　　　　　　　　　　　　　年　　　月　　　日

**二、填写拆装技术要求**

1. 化工管路拆卸基本要求

拆卸工作是在设备及管线的＿＿＿＿＿＿＿、＿＿＿＿＿＿＿等工作全面、彻底进行后开始的。它关系到检修工作是否能顺利进行和确保设备、人身安全的重要条件之一。在拆卸前，必须先仔细了解分析管路和设备结构特点，根据零部件的尺寸和特点，选择适用的＿＿＿＿＿＿＿＿＿和选择适合该零部件的＿＿＿＿＿＿＿。若考虑不周或方法不当，会造成被拆卸设备的零部件损坏，带来不必要的损失。拆卸管路时，先从＿＿＿部拆到＿＿＿部，从＿＿＿部拆到＿＿＿部；先拆卸整个管路，再由拆卸下来的管路拆卸为零件。拆卸整体管路时，选用合适的＿＿＿＿＿＿保证拆卸的安全进行。

对整个管路的部件在拆卸前或卸下后做好＿＿＿＿＿＿，以免回装时复位困难。部件拆卸后要尽快分配人员＿＿＿＿＿＿，分类管理，以免丢失。特别是要将拆卸下来的每个＿＿＿＿＿＿带上拆卸前原来的＿＿＿＿＿＿（旋入1~2扣），摆放整齐。拧紧或旋松螺栓（母）时，要拧螺＿＿，不要拧螺＿＿，避免螺杆上的螺纹磨损；垂直管线上的法兰安装单头螺栓时，螺栓一般由＿＿向＿＿穿入法兰螺栓孔（见图7-2）。

2. 化工管路安装基本要求

施工者应熟悉有关管路的＿＿＿＿＿＿＿＿＿，熟悉管路中的设备、附件＿＿＿＿＿＿；严格按＿＿＿＿＿＿图要求施工。管路安装是在管子、管件、阀门等已根据相应的技术要求或规定＿＿＿，其质量符合＿＿＿＿＿＿，内部已＿＿＿＿＿＿等工作完成之后进行的。管路安装一般按照先＿＿＿层后＿＿＿层，先里层后外层，先大管后小管的顺序进行，并先装总管等。为了尽可能减少或消除管路安装对其他机器产生的不利影响（避免外力和力矩作用在机器上），与其他设备或机械连接的管路最好从_____一侧开始安装。管路法兰、阀门以及其他连接点的设置应符合原设备的安装位置，不能随意改变管路走向和阀门位置。管道的坡度可用支架的安装高度或支座下的金属垫板来调整。管路安装应横平竖直，水平度或垂直度偏差应小于____mm/m。管路安装应自然对齐，不得强行连接。回装管路时，应本着_____（先定位后加固/先加固后定位）的原则进行：先将各管件、阀门等法兰连接处螺栓（母）徒手拧"紧"（垫片准确定位），管路系统全部连接好之后，再用扳手逐一紧固。

（1）法兰安装方法

法兰连接时，将两法兰盘对正，把密封垫片准确放入密封面间，在法兰螺栓孔内按_____（同一/不同）方向穿入一种规格的螺栓（见图7-3），紧固时用扳手依____顺序紧固螺栓，每个螺栓分_____次完成紧固，使螺栓及密封垫片受力_____，有利于保证____性；螺栓紧固后应与法兰紧贴，不得有楔缝；需加垫圈时，每个螺栓不应超过一个；紧固后的螺栓一般宜露出螺母____扣。阀门在安装前，必须检查开关是否灵活，阀门的两端面法兰密封面是否清除干净。有的阀件如截止阀、止回阀（另有过滤器、转子流量计等）介质的进出有____性（见图7-4），安装前要注意不要____。

图7-2　螺栓穿入方向

图7-3　螺栓穿入方向

图7-4　注意安装方向

（2）螺纹连接方法

螺纹连接前，应用_____或油麻丝等沿_____（任意方向/螺纹旋向）缠绕在外螺纹上，以保证连接处严密不漏。

**三、绘制管道轴测图**

1. 填写管道轴测图基本知识

管道轴测图是用来表达一个设备至另一设备或某区间一段管道的空间走向，以及管道上所附管件、阀门、仪表控制点等安装布置情况的____（立体/平面）图样。管道轴测图能全面、清晰地反映管道布置的设计和施工细节，便于识读，还可以发现在设计中可能出现的差误，避免发生在图样上不易发现的管道碰撞等情况，有利于管道的预制和加快安装施工进度。

管道轴测图一般包括图形、_____、方向标、技术要求、_____和标题栏等内容。管道轴测图按_____投影绘制，先定好_____，管道的走向应与_____相符。管道轴测图中的管道用____线绘制，法兰、阀门和承插焊螺纹连接的管件用____线绘制，其他均用____线表示。管道轴测图不必按比例绘制，但各种阀门、管件之间的比例要协调，它们在管段中的位置的相对比例也要协调。管道一律用____（单/双）线表示。在管道的适当位置上画流向箭头。管道号和管径注在管道的上方，水平管道的标高"EL"注在管道的下方。不需注管道号和管径仅需注标高时，标高可注在管道的上方或下方。管道上的环焊缝以圆点表示。水平管段中的法兰画_____表示，垂直走向的管段中的法兰一般以与邻近的水平走向的管段相____的短线表示。螺纹连接与承插焊连接均用一短线表示，在水平管段上此短线为____线，在垂直管段上，此短线与邻近的水平走向的管段相____。

阀门的手轮用一____线表示，短线与管道平行。阀杆中心线按所设计的方向画出。除标高以____计外，其余尺寸均以毫米（mm）为单位，只注数字，不注____。垂直管道不注_____尺寸，而以水平管道的标高"_____"表示。标注水平管道的有关尺寸的尺寸线应与管道相____。尺寸界线为垂直线。水平管道要标注的尺寸有：从所定基准点到等径支管、管道改变走向处、图形的接续分界线的尺寸。标注从最邻近的主要基准点到各个独立的管道元件如法兰、仪表接口等的尺寸，这些尺寸不应注____尺寸。管道上带法兰的阀门和管道元件要注出从主要基准点到阀门或管道元件的一个法兰面的距离。管道上用法兰、螺纹等连接的阀门或其他独立的管道元件的位置是由管件与管件直接相接（FTF）的尺寸所决定时，不要注出它们的____尺寸。螺纹连接和承插焊连接的阀门，其定位尺寸在水平管道上应注到阀门中心线，在垂直管道上应注阀门中心线的_____。

为标注管道尺寸的需要，应画出容器或设备的____线（不需画外形），注出位号。若与标注尺寸无关时，可不画设备____线。为标注与容器或设备管口相连接的管道的尺寸，对水平管口应画出管口和它的中心线，在管口近旁注出管口符号，在中心线上方注出设备的位号，同时注出中心线的标高"EL"；对垂直管口应画出管口和它的中心线，注出设备位号和管口符号，再注出管口法兰面或端面的标高（EL）。

2. 绘制管道轴测图

绘制出现场装置的管道轴测图，实地测量并标出管路系统各构件长度尺寸及定位尺寸等。

**四、确定人员分工，明确职责**

（1）组长1人

负责整个小组的人员调配、人员管理、行动指挥、现场纪律等工作。如现场出现问题及时和负责的指导教师进行沟通。在组内，可以3人为1小组，其中2人对称拆装，1人负责递送工具零件、扶托保护等辅助任务。

（2）安全员1人

负责小组人员安全保障和监督，发现和提醒不安全因素和制止违章作业。现场人员必须严格穿戴劳动保护用品，正确佩戴安全帽（长发女生须将头发盘起束紧），并戴好手套，提前做好安全防范措施，规范操作。

（3）工艺员1人

负责组内人员拆装技术的规范和一致，确保所安装管路符合工艺、美观和质量三大基本要求。在管路拆装过程中，发现违反操作规程、影响管路安装质量的行为有权制止。如发现不合格或不规范操作，必须及时修正，直到达到规范要求为止。

（4）材料员1人

负责领取现场管路拆装操作的工具、配件。在管路拆装和操作过程中监督现场工具的正确使用和不丢失、不乱借用、不错混，负责现场材料和拆卸下来的各种配件摆放整齐，保证现场清洁有序。

（5）其余人员

拆装施工员。负责现场管路（以法兰连接为主）的拆卸和回装任务。

**五、填写安全要点**

① 进入现场前要进行安全教育培训，对现场危险特点、注意事项、有关规定以及安全用电、急救知识等进行教育培训并经考核合格。

② 装置中钢管、阀件等较重，一个人搬运易掉落碰伤；有的螺栓（母）拆卸比较费力；有的作业面狭窄而施工人员众多；还有随手高处乱放工具等不规范行为，施工现场如管理无序则安全隐患无处不在。因此，在进行管路拆装前，一定要正确佩戴好劳动保护用品；安装搬运重管件时，须一起协作；各组人员之间、不同工种、不同作业任务之间做到相互照应，相互避让，规范有序，尽可能避免＿＿＿作业，以确保安全。手持扳手应尽量握在手柄末端，一为省力，二防掩手。用扳手拆卸法兰螺栓（母）时，扳口要＿＿＿，且不要用＿＿＿力；若两人合作拆卸一个螺栓（母），要指定由一人＿＿＿，同步动作，以防意外。

③ 应对称拆除法兰上的螺栓（母），特别是对化工管路而言，松开法兰前原则上还要保留＿＿＿个螺栓（母），以防管道内残液、残压伤人。此时应试探拆卸：用＿＿＿把法兰口撬开一道缝，人不能面对楔缝，以免管道内剩余介质流出或压力冲击伤人。若有介质流出时迅速将螺栓（母）上紧，将管路设备内隐患彻底排除后方可继续进行。

**六、领取工具、材料**

在拆卸前，根据所拆卸管子或法兰螺栓（母）的规格特点，选择适用的拆卸工具，应备好工具的种类、型式、尺寸、数量，还应备好螺栓（母）、垫片、生料带等。

1. 领取工具

领取不同类型、规格和型号的扳手（活扳手、呆扳手、尖扳手等）、管钳子，见图7-5。

　　呆扳手　　　　　　尖扳手　　　　　　管钳子

图 7-5　常用工具

要求：熟悉各种扳手的使用场合和使用方法；会选工具。

2. 领取材料

领取聚四氟乙烯生料带、硅胶垫片等若干。

　　聚四氟乙烯生料带　　　　　　硅胶垫片

图 7-6　常用材料

要求：熟悉不同垫片的使用场合；会缠生料带。

### 七、管路拆卸、清理检查

水平安装法兰拆卸示范的视频可通过扫描二维码 M7-2 观看。

竖直安装法兰拆卸示范的视频可通过扫描二维码 M7-3 观看。

规范拆卸作业面管路系统。

① 按照从上到下、从一侧到另一侧、先整体后局部（旁路可视为一个完整部分，整体拆下来挪到另外空地上，再逐个拆卸，这样可避免交叉作业）的原则进行拆卸。

② 拆卸化工管路时，为避免残压和残液伤人，应利用尖扳手进行试探拆卸。

③ 施工组织井然有序，各岗位人员各司其职，既分工又合作。施工中操作规范，材料、工具分类摆放整齐，现场安全清洁。

为节省时间，也可将拆卸下来的管段、阀件按装置原型摆放，垫片、螺栓（母）就近码放于对应的法兰口附近。拆卸后的管路零部件摆放的视频可通过扫描二维码 M7-4 观看。

M7-2　　　　　　　　　　M7-3　　　　　　　　　　M7-4

规范清理检查拆卸下的各管段、管件、阀件、仪表、螺栓（母）、垫片，不适合继续重复使用的必须更换。

### 八、管路回装

**1. 回装前准备**

确认各管段、管件、阀件、仪表、螺栓（母）、垫片等已清理检查完毕，并按管路图和工艺要求准备齐全，所需工具已备齐，以上物品均处于完好备用状态。

**2. 规范回装管路系统**

① 满足管路布置图的具体要求，按管路图进行施工回装。

② 按照从下到上、从一侧到另一侧、从主干到分支的原则进行安装。

③ 回装管路时，应遵循先定位后加固的原则，规范加装法兰垫片。法兰安装应同时满足：面要平、口不歪、垫片要放正、螺栓（母）力度要足且受力均匀。所有仪表应面向主操作面，所有阀门的手柄（手轮）的方向应便于操作，管路整体布置整齐美观，如图 7-7 所示。

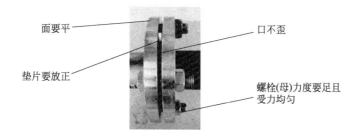

图 7-7　法兰安装要求

④ 施工组织井然有序，各岗位人员各司其职，既分工又合作。施工中操作规范，材料、

工具分类摆放整齐，现场安全清洁。

安装法兰垫片的视频可通过扫描二维码 M7-5 观看。

紧固法兰螺栓的视频可通过扫描二维码 M7-6 观看。

### 九、试漏、修复

试漏的视频可通过扫描二维码 M7-7 观看。

M7-5

M7-6

M7-7

初装完毕，启泵试漏。在渗漏点处作标记，修复后重新试漏，直至无渗漏为止。

### 十、收工、总结

施工完毕，做到"工完料净场地清"。各组集中做小组总结发言，最后由指导教师做评价，肯定学生们操作中的成绩，指出需要提高的地方。

【考核评价】◂◂◂——

根据学生完成任务情况，填写表 7-1。

表 7-1  化工管路拆装考核评分表

组别：　　　　　　　　　　装置号：　　　　　　　　　　时间：

| 序号 | 考核内容 | 考核要点 | 配分 | 评分标准 | 检测结果 | 扣分 | 得分 | 备注 |
|---|---|---|---|---|---|---|---|---|
| 1 | 准备工作 | 穿戴劳保用品 | 3 | 未穿戴整齐扣 3 分 | | | | |
| 2 | | 人员分工等准备 | 2 | 分工不明确扣 2 分 | | | | |
| 3 | | 领取工具材料 | 3 | 错领 1 件扣 0.5 分 | | | | |
| 4 | | 管内介质排空检查 | 2 | 未检查扣 2 分 | | | | |
| 5 | | 拆卸总顺序符合原则 | 3 | 不符合扣 3 分 | | | | |
| 6 | | 规范使用工具拆卸法兰螺栓（母） | 5 | 使用不规范扣 1 分/次 | | | | |
| 7 | | 留 1～2 个螺栓（母），试探拆卸法兰 | 3 | 方法不正确扣 1 分/次 | | | | |
| 8 | | 拆卸后，所有螺栓带上螺母，各部件在指定区域摆放整齐 | 2 | 不按要求做扣 0.5～2 分 | | | | |
| 9 | 操作程序 | 清理检查各部件 | 2 | 未检查扣 2 分 | | | | |
| 10 | | 按配管图清点各部件 | 3 | 不按要求做扣 3 分 | | | | |
| 11 | | 按配管图施工 | 3 | 未按图施工扣 3 分 | | | | |
| 12 | | 安装总顺序符合原则 | 3 | 不符合原则扣 3 分 | | | | |
| 13 | | 安装时，阀门开关状态正确 | 2 | 状态错扣 1 分/次 | | | | |
| 14 | | 安装时，阀门仪表等方向正确 | 3 | 不正确扣 1 分/次 | | | | |
| 15 | | 正确安装法兰垫片 | 9 | 安装不正确扣 1 分/次 | | | | |
| 16 | | 每对法兰上的螺栓规格相同，安装方向一致 | 5 | 不符合要求扣 1 分/次 | | | | |

| 序号 | 考核内容 | 考核要点 | 配分 | 评分标准 | 检测结果 | 扣分 | 得分 | 备注 |
|---|---|---|---|---|---|---|---|---|
| 16 | 操作程序 | 每对法兰上的螺栓规格相同,安装方向一致 | 5 | 不符合要求扣1分/次 | | | | |
| 17 | | 对称紧固螺栓(母) | 9 | 不符合要求扣1分/次 | | | | |
| 18 | | 安装金属管道,禁用铁制工具敲击 | 3 | 不符合要求扣1分/次 | | | | |
| 19 | | 按照"先定位后加固"的原则安装 | 9 | 不符合要求扣9分 | | | | |
| 20 | | 法兰安装符合四个标准 | 4 | 不符合要求扣1分/次 | | | | |
| 21 | | 管路整体横平竖直;安装正确 | 5 | 不符合要求扣5分 | | | | |
| 22 | | 试压方法正确 | 4 | 不正确扣4分 | | | | |
| 23 | | 试压发现泄漏点正确进行返修 | 3 | 不正确扣1分/次 | | | | |
| 24 | | 施工结束后清扫现场 | 2 | 未清扫扣2分 | | | | |
| 25 | | 清点并归还工具 | 3 | 工具少、坏1件扣1分 | | | | |
| 26 | 安全及其他 | 按国家法规或有关规定 | | 违规一次总分扣5分;严重违规停止操作,总分为零分 | | | | |
| 27 | | 在规定时间内完成操作 | | 每超时1min总分扣5分,超时3min停止操作 | | | | |

## 【问题讨论】 <<<——

1. 回装闭合式管路时,一开始就逐个紧固每一道法兰,可不可以?为什么?

2. 管道布置图是管道安装施工的重要依据,除了可以用管道轴测图(管段图、立体图)来表示外,还可以用什么图来表示?

# 任务八　浮阀塔盘拆装

## 【任务描述】 《《←

　　以企业装置大修为背景，进行连续精馏装置板式精馏塔（浮阀塔）结构学习，学习者在教师的监督指导下，完成塔盘拆装"过三关"任务：第一关——拆装练习（在地面完成，使用拆装练习器）；第二关——钻塔练习（进出塔人孔，非强制）；第三关——爬塔练习（作业高度＞10m，非强制）。

　　要求：符合塔盘拆装作业基本规范要求；通过拆装熟悉板式塔内部构造、理解精馏原理，熟悉连续精馏装置流程等。

　　注：本实训所用连续精馏装置为闲置实际生产装置，已确保安全，并且仅供教学使用。

　　图 8-1 为浮阀塔盘拆装装置。

图 8-1　浮阀塔盘拆装装置

## 【任务分析】 《《←

　　塔盘拆装实训旨在通过打开真实设备来认知板式精馏塔内部结构，并非检修。

　　"过三关"教学设计旨在为学生创设略带挑战性的体验式学习情境，使学生更好地接触、了解实际装置设备。

1. 拆装练习

学生在对塔内主要部件——塔板的拆卸和回装过程中，既可以学习一般规范拆装技术，又可以熟悉塔板结构。

2. 钻塔练习

学生往往会对钻塔感到新奇、兴奋，因为这会给学生带来一种目前虚拟仿真技术所不能实现的真实感觉，它能使学生与真实设备真正地亲密接触，获得亲身体验。学生可借机仔细观察塔内每一部分构造甚至任一感兴趣的细节设计，思考其作用，琢磨塔内气液流动状态以及精馏原理等理论知识；还可以感知塔板间距，理解气液接触的正常与非正常状态；也能体验到检修时工人师傅进出塔、拆装塔盘的作业过程等。

3. 爬塔练习

国际上一般规定：超过2m的作业为高空作业，故此项练习存在一定危险性，指导教师须格外注意。另外，这项练习对绝大多数学生而言是第一次，学生须克服或多或少的恐高心理，因此对大多数学生来说不失为一种挑战。

为提高实训的安全性，指导教师有责任在课前充分讲解（必要时示范）安全纪律规范要求，并建议与每一位学生签署"爬塔作业安全承诺书"（见下文）。

在实际操作前通过教师的讲解示范，学生须熟悉高空作业、洞口作业等相关安全注意事项、进出人孔技术要领和塔盘拆装技术要领等。

## 【实训目的】 <<<—

① 能指着已打开人孔的板式塔内部，正确叙述塔板结构名称及作用、气液相在塔板上的流动方向及进入另一块塔板的通道、精馏的原理。

② 能指着现场塔设备，正确叙述板式精馏塔各部分的结构名称及作用。

③ 能沿着现场设备及管线，正确叙述并查走连续精馏工艺流程，能正确叙述连续精馏的主要设备名称及作用。

④ 能树立高空作业基本安全意识，能安全规范上下塔梯，能从人孔规范钻塔、出塔，能规范进行塔盘拆装操作。

## 【任务实施】 <<<—

### 一、安全教育

塔盘拆装实训涉及高空作业、洞口作业等，因此，为提高实训的安全性，确保实训项目的顺利完成，实操前指导教师有必要对学生进行安全教育。安全教育可参考以下步骤进行，内容包括"讲事故案例"、"讲注意事项"、"签承诺书"等。

1. 讲事故案例

（1）螺母掉落到学生头部

在一次塔盘拆装实训课上，塔顶扇形平台处某组学生正在加装人孔盖螺栓，其中一名学生不小心将手中的螺母从平台与塔壁缝隙间掉落，正好落在下面扇形平台上一位女生的头部，当时幸亏该女生头戴安全帽，没有受伤。

警示学生：①规范佩戴安全帽的重要性；②高空作业基本要求，工具零件的安全携带与使用；③人在装置区切忌垂直向上观看。

（2）检修工从扇形平台坠落

某石化公司在一次大修期间，一名检修工蹲在一塔设备扇形平台进行检修作业，忘记自己当时所处位置，身体向后倚靠，不慎从平台护栏缝隙口坠落地面，造成严重摔伤。

警示学生：扇形平台护栏空隙大，注意所处位置，不要做俯身向下等危险动作。

（3）实训课不规范被叫停

某校学生在实训时，因未戴安全帽进入装置，并有个别学生在装置内追逐逗闹，被来校检查工作的某石化公司安全处领导撞见，该次实训课被叫停，相关老师受到严厉批评。

警示学生：①进入装置要做好劳动保护，工作服、防滑鞋、安全帽、手套等须穿戴规范、齐全；②严禁在装置区嬉戏逗闹；③未经教师允许不得随意进入装置区。

2. 讲注意事项

此项实训涉及的爬塔、钻塔等相关作业，并非强制学生必须完成。对于具有特殊情况（如患有某种不适合登高作业的疾病或其他原因）的学生，教师可允许其不参与其中的一项或两项作业。教师应在课前明确提示学生：为安全起见，学生应根据自身情况决定是否参与，不得强迫硬上，以免发生意外。

可参照以下"塔盘拆装实训安全规范操作口诀"讲解安全注意事项。

### 塔盘拆装实训安全规范操作口诀

高空作业有危险，确保安全是基调。
登高并非是强制，特殊情况照顾到。
雨雪大风恶劣天，只能室内练习好。
拆装练习在地面，爬塔只为练登高。
学习结构是重点，拆装检修非重要。
劳动保护哪几样？服装鞋帽加手套。
手机手表不上塔，掉落碰坏可惜了。
工具材料选备好，登高携带斜背包。
拆装钻塔后登高，依次过关秩序好。
一个平台五个人，人数限制有必要。
抓住踩实且专注，三点接触要记牢。
上下扶梯不要急，一次一人很重要。
塔上作业要专心，工具零件须拿好。
平台塔壁有间隙，稍不留意掉螺帽！
开合人孔似法兰，规范操作安全保。
所处位置要注意，不要总在洞口绕。
平台保护较简单，不应将那护栏靠。
进出人孔需帮手，确保有人托着腰！
脚先头后面朝上，人孔上缘手抓牢。
听从指挥禁逗闹，安全第一要记牢！

3. 签承诺书

教师可在做完前两项安全教育之后，与学生签署以下"爬塔作业安全承诺书"。

### 爬塔作业安全承诺书

为确保塔盘拆装相关实训安全、顺利进行，明确相关事故责任，特提出以下安全纪律要求共同遵守。

①爬塔作业前教师应向全体学生声明：爬塔作业系非强制性实训项目，学生应根据自身情况考虑是否参加，如确有特殊情况不适合钻塔、爬塔作业的，应由学生本人主动向实训指导教师提出。

教师不应以实训操作部分任务未完成为由给学生成绩不合格，学生应完成除登高（爬塔）或（和）钻塔之外的其他项目。

②爬塔作业前教师应向全体学生详细讲解《塔盘拆装实训安全规范操作口诀》所列有关安全注意事项。若讲解后仍不清楚，学生应当主动提出解答请求，教师应耐心解答直到学生明确为止。学生进行爬塔作业时，教师应全程跟随，并尽可能及时提醒和制止学生可能出现的不安全行为。学生应认真听取并在实训中加以注意和遵守，如学生未按要求去做而发生意外事故，应由学生本人负责。

学生承诺内容——我已仔细阅读上述内容，并知晓和理解教师讲解"塔盘拆装实训安全规范操作口诀"所有安全注意事项。在此郑重承诺：实训自始至终，严格按上述要求去做，否则出现一切后果，由我本人承担。

承诺人（学生）签字：　　　　　　　　　　　　　　学生：

指导教师承诺内容——我承诺：按此承诺书要求，认真履行指导教师应有职责，尽力确保学生实训安全顺利进行。

承诺人（指导教师）签字：　　　　　　　　　　　　教师：

　　　　　　　　　　　　　　　　　　　　　年　　月　　日

## 二、爬塔提示

有序上塔的视频可通过扫描二维码 M8-1 观看。

下塔的视频可通过扫描二维码 M8-2 观看。

须提示学生注意以下几点：

①梯内一次只能上或下一个人，以防掉落砸伤或碰撞踩踏。

②爬塔中，应保证手抓牢，脚踩实，注意力集中。特别要注意手"抓"的方法是大拇指与其余四指分开，五指不应该并拢在一起。

③爬塔中，应至少保持三点接触：两手一脚或两脚一手。

④上塔前，不得将手机、手表等贵重物品带上塔，以防跌落损坏。

⑤若需携带工具，应将工具装入专用工具包内，斜挎背包上下塔（见图 8-2）。禁止手持工具上下塔，严禁塔上塔下人员随意抛掷传递工具及其他物件。

## 三、钻塔演示

钻塔的视频可通过扫描二维码 M8-3 观看。

出塔的视频可通过扫描二维码 M8-4 观看。

图 8-2　斜挎背包上下塔

M8-1　　　　　　　　M8-2　　　　　　　　M8-3　　　　　　　　M8-4

**1. 钻塔前的注意事项**

① 正常检修时人员钻塔的前提条件是：相关作业票已出具，塔内安全。

② 正式检修时还应系好安全带，且塔外须留一监护人与塔内人员保持联络，确认塔内人员安全，防止塔内作业人员发生意外。

实训时，学生进塔前还应事先确认塔内塔板已安装合格，且人孔盖已打开。

**2. 钻塔的方法（口诀）**

进出人孔需帮手，确保有人托着腰！脚先头后面朝上，人孔上缘手抓牢。

教师可在地面练习器上演示，另外需要一名学生配合演示（进出塔时托着演示者的腰部）。其他学生围成一圈观看、学习。

须提示学生：塔内空间狭窄，且金属构件凹凸不平、棱角尖锐，应慢进慢出，避免划、碰伤。

**3. 学习要求**

学生进入塔内或从人孔外，对塔内进行仔细观察、辨识，思考。

① 识认浮阀（孔）、降液管、溢流堰、受液盘、支撑圈等部件（位），思考其作用。

② 辨别气、液两相在塔板上的流动路径及进入另一块塔板的通道，思考板式塔精馏原理。

③ 辨别塔盘各分区，观察阀孔的排列方式等。

若时间允许，也可实地测量塔内结构尺寸，为后续"板式塔课程设计"课程提供参考数据或帮助。

**4. 注意事项**

演示时，演示者的服装、鞋帽、手套等劳动保护应佩戴齐全、合格。

**四、拆装演示**

在练习器上练习安装塔板的视频可通过扫描二维码 M8-5 可观看。

正式检修时，若拆塔盘，人员应从上面人孔进塔，由上至下依次将各层塔盘进行编号、拆卸、拴绳系扣并通知塔外人员提拉出塔，然后塔内人员从下面人孔出塔；若装塔盘，人员应从下面人孔进塔，由下至上依次安装已检查合格的各层塔盘，最后塔内人员从上面人孔出塔。送出塔的塔盘在指定地点须进行清理检查检修或更换。

M8-5

以三块板组成的塔盘拆装演示为例。实训时所用塔盘由三块板组成：两块弓形边板，一块矩形通道板。

**1. 一层塔盘的安装**

① 安装一层塔盘各块塔板的顺序：由里到外，先两边，后中间（人孔侧为外）。

② 引导学生观察塔盘卡子螺栓头的结构形状，思考其在使用中的意图。

③ 演示者依次将里、外两块边板装入塔内。安装时，一只手在塔盘下面扶住卡子下部

（固定螺杆），另一只手在塔盘上面徒手带紧螺母。注意卡子的方向，应将长端固定在支撑圈上。注意用手带紧至卡子不会轻易松动即可，此时不要急着用工具拧紧。提示学生：演示者是站在下面那块已安装合格的塔盘上进行本层塔盘两块边板的安装的。

**2. 中间通道板的安装**

此时演示者两脚应分别踩在本层塔盘的两块刚安装的边板上，接过塔外辅助人员从人孔递进的中间通道板。安装时，应先将通道板一端的卡子螺杆（即卡子下部）调好方向（长端朝向支撑圈），再安插到支撑圈上，然后用手带紧螺母。另一端的卡子可用盲装法安装。

盲装法的具体操作是：根据卡子螺杆头的结构特点，先固定一个方向，安插到支撑圈上后，用手带紧螺母，然后向上抬通道板的扶手，检验是否紧固，若不紧固，说明卡子螺杆方向正好相反，再换另一个方向（将螺母旋松后将螺杆转动180°），重新安装即可。

**3. 拆除塔盘的操作**

① 拆塔盘时，先将塔盘各板按规则编好号码（可用粉笔写在各块板上），然后再拆卸。

② 拆掉塔板间的连接螺栓及旋松所有卡子螺栓并转动90°。

③ 操作员两脚事先踩在通道板两侧的边板上，将通道板提起运出（上有扶手）人孔，然后通过通道口站在下一层塔板上，再依次将人孔侧的边板和另一侧边板取下分别运出。

④ 向塔外运送塔板时，距离人孔较远的塔盘，应使用专用合格绳索。由塔内人员拴绳系扣并确认系紧后，告知塔外人员提拉出人孔。

**五、实训实施**

① 根据班级人数等情况分组，一般可按学号顺序每5人一组，轮流完成"过关"项目（或可考虑男女穿插而另行编组）。可安排班长或学委为联络人，负责及时传达换组信息，协调劳动保护等的交接，确保各组实训环节中间不停滞，保障教学任务按时完成。

② 根据师资情况，理想状态是"三关"中的每一"关"安排1名指导教师。各组学生依次完成每一"关"实训任务。若只有2名指导教师，可安排其中1人负责在地面组织指导拆装塔盘（练习器），另1人在塔上负责组织指导钻塔和登高练习：先带学生爬至低层扇形平台完成"钻塔"练习，再带该组学生向上一层扇形平台体验"登高"。这样做的目的是保证"过三关"时，每一组学生身边都有1名指导教师在监督指导，以保障安全。

③ 指导教师在实训中应把握好时间，保证实训按时完成。

④ 基于以"学习结构为主，并非检修"的实训目的和为了节省时间，第一组上塔学生负责完成塔上人孔盖的打开操作，最末一组上塔的学生负责人孔盖的回装任务。

⑤ 各组在"时间分配及进程表"（见表8-1）中所列"剩余时间"内须完成"实训目的"中1～4项内容，每1名学生还要求其完成塔板的结构图、板式塔结构图及连续精馏装置工艺流程图的绘制任务，详见任务单1、任务单2。指导教师课前要求学生带教材或此实训教程、绘图仪器及作业纸等。

表8-1 时间分配及进程表

| 小组 | 地面拆装 | 钻塔、登高体验 | 理论、绘图 |
|---|---|---|---|
| 第1小组 | 8：30～8：50，20min | 8：50～9：10，20min | 剩余时间，120min |
| 第2小组 | 8：50～9：10，20min | 9：10～9：30，20min | 剩余时间，120min |
| 第3小组 | 9：10～9：30，20min | 9：30～9：50，20min | 剩余时间，120min |
| 第4小组 | 9：30～9：50，20min | 9：50～10：10，20min | 剩余时间，120min |

| 小组 | 地面拆装 | 钻塔、登高体验 | 理论、绘图 |
|---|---|---|---|
| 第5小组 | 9:50～10:10,20min | 10:10～10:30,20min | 剩余时间,120min |
| 第6小组 | 10:10～10:30,20min | 10:30～10:50,20min | 剩余时间,120min |
| 第7小组 | 10:30～10:50,20min | 10:50～11:10,20min | 剩余时间,120min |
| 第8小组 | 10:50～11:10,20min | 8:30～8:50,20min | 剩余时间,120min |

⑥ 进程参考。各小组实训项目时间分配及进程可参考表8-1进行。

以40人班型为例，每5人为1小组，共8小组。整个实训按一上午200min（8:00～11:20，4学时）计，其中表内任务完成共需160min。除此之外，假设安全教育15min，教师演示15min，课后总结、评议10min，共200min（因时间关系，且作业强度不大，中间不设休息时间）。

**六、收工总结**

各组"过三关"任务均完成，做到"工完料尽场地清"；各组集中，做小组总结发言（可根据剩余时间考虑安排），最后由指导教师做评价，肯定学生们操作中的成绩，指出需要提高的地方。

【考核评价】 <<←

根据学生完成任务情况，填写表8-2。

【问题讨论】 <<←

1. 检修中，拆塔盘与装塔盘的顺序是怎样的？
2. 大修时，人员进塔前应做好哪些安全工作？

**任务单 1　精馏设备相关知识**

班级：　　　　　　　　　姓名：　　　　　　　　　　　日期：

1.(可指着已打开人孔的板式塔内部或塔盘拆装练习器)叙述塔板结构名称及作用。叙述气液相在塔板上的流动方向及进入另一块塔板的通道。叙述精馏原理。

2.(可指着现场塔设备)叙述板式精馏塔各部分结构名称及作用。

3.(可沿着现场设备及管线)叙述连续精馏工艺流程。叙述连续精馏各主要设备名称及作用。

成绩(评语)：

　　　　　　　　　　　　　　　　　　　　　　　　　教师：　　　　　　日期：

**任务单 2　绘图**

| 班级： | 姓名： | 日期： |

1. 现场浮阀塔板结构图（俯视图和主视图；标出各部分名称）　　2. 现场板式精馏塔结构图（标出各部分名称）

3. 现场连续精馏装置工艺流程图（标出各设备名称）

成绩（评语）：

教师：　　　　日期：

### 表 8-2　塔盘拆装考核评分表

（在地面塔盘拆装练习器上完成，按先装后拆顺序）

姓名：　　　　　　　　　　练习器编号：　　　　　　考核时间：30min

| 序号 | 考核内容 | 考核要点 | 配分 | 评分标准 | 检测结果 | 扣分 | 得分 | 备注 |
|---|---|---|---|---|---|---|---|---|
| 1 | 准备工作 | 穿戴劳保用品 | 3 | 未穿戴整齐扣 3 分 | | | | |
| 2 | | 确定塔外监护人员 | 2 | 未确定扣 2 分 | | | | |
| 3 | | 工具材料准备齐全 | 3 | 错、缺 1 件扣 1 分 | | | | |
| 4 | | 安装前塔盘上浮阀齐全，所有浮阀安装合格 | 2 | 浮阀缺少或安装不合格扣 1 分/个 | | | | |
| 5 | | 安装前，塔盘表面已清理检查合格，无锈蚀等 | 2 | 未检查扣 2 分 | | | | |
| 6 | | 钻塔前安排专人负责保证练习器稳固 | 3 | 未安排扣 3 分 | | | | |
| 7 | | 钻塔时安排专人负责托着腰 | 3 | 未安排扣 3 分 | | | | |
| 8 | | 钻塔时符合"脚先头后面朝上"原则 | 4 | 不符合扣 4 分 | | | | |
| 9 | | 各块塔板安装总顺序（由里到外，先两边，后中间）正确 | 6 | 不正确扣 6 分 | | | | |
| 10 | | 按照"先定位后加固"的原则安装 | 6 | 不按要求做扣 6 分 | | | | |
| 11 | | 塔盘卡子安装方法（朝向等）正确 | 5 | 不正确扣 1 分/个 | | | | |
| 12 | | 拧紧塔盘卡子时两手一上一下方法正确 | 3 | 不正确扣 3 分 | | | | |
| 13 | | 通道板一端"盲装"方法正确 | 7 | 不正确扣 9 分 | | | | |
| 14 | 操作程序 | 塔板间连接螺钉安装方法正确，安装规范，会使用尖扳手 | 3 | 错误或不规范扣 1 分；不会使用扣 2 分 | | | | |
| 15 | | 所有卡子螺钉、连接螺钉安装合格 | 4 | 不合格扣 1 分/个 | | | | |
| 16 | | 禁用铁制工具敲击设备 | 3 | 不符合要求扣 1 分/次 | | | | |
| 17 | | 塔盘安装质量合格，无楔缝，无松动 | 9 | 不符合要求扣 1 分/处 | | | | |
| 18 | | 拆卸前各塔板编号规范 | 3 | 不符合要求扣 3 分 | | | | |
| 19 | | 拆卸各塔板顺序正确 | 6 | 不正确扣 6 分 | | | | |
| 20 | | 将拆卸下的螺栓带上螺母，在指定区域摆放整齐 | 3 | 不符合要求扣 1 分/个 | | | | |
| 21 | | 旋松、拆卸卡子螺钉方法正确 | 4 | 不正确扣 1 分/个 | | | | |
| 22 | | 拴绳系扣方法正确 | 3 | 不正确扣 3 分 | | | | |
| 23 | | 人员出塔方法正确 | 3 | 不正确扣 3 分 | | | | |
| 24 | | 全程注意安全，无人员受伤 | 5 | 否则扣 1~5 分 | | | | |
| 25 | | 施工结束后清扫现场 | 2 | 未清扫扣 2 分 | | | | |
| 26 | | 清点工具、材料，在指定地点摆放整齐 | 3 | 否则扣 13 分 | | | | |
| 27 | 安全及其他 | 按国家法规或有关规定 | | 违规一次总分扣 5 分；严重违规停止操作，总分为零分 | | | | |
| 28 | | 在规定时间内完成操作 | | 每超时 1min 总分扣 5 分，超时 3min 停止操作 | | | | |

# 附录

## 附录一 工程数据图表参考

表 1 管道轴测图常用件图例（摘选）

| 名称 | 管道布置图 | | 轴测图 |
| --- | --- | --- | --- |
| | 单线 | 双线 | |
| 法兰连接 | | | |
| 软管 | | | |
| Y 形粗滤器 | | | |
| 法兰连接 | | | |
| 螺纹或承插焊活接头 | | | |

| 名称 | 管道布置图各视图 | | | 轴测图 |
|------|------|------|------|------|
| 闸阀 | | | | |
| 截止阀 | | | | |
| 球阀 | | | | |
| 止回阀 | | | | |
| 弹簧式安全阀 | | | | |

**表 2　无缝钢管规格简表**（摘自 YB 231—70）

| 公称直径 DN/mm | 实际外径 /mm | 管壁厚度/mm | | | | | | |
|------|------|------|------|------|------|------|------|------|
| | | $P_g=1.5$ | $P_g=2.5$ | $P_g=4.0$ | $P_g=6.4$ | $P_g=10$ | $P_g=16$ | $P_g=20$ |
| 15 | 18 | 2.5 | 2.5 | 2.5 | 2.5 | 3 | 3 | 3 |
| 20 | 25 | 2.5 | 2.5 | 2.5 | 2.5 | 3 | 3 | 4 |
| 25 | 32 | 2.5 | 2.5 | 2.5 | 3 | 3.5 | 3.5 | 5 |
| 32 | 38 | 2.5 | 2.5 | 3 | 3 | 3.5 | 3.5 | 6 |
| 40 | 45 | 2.5 | 3 | 3 | 3.5 | 3.5 | 4.5 | 6 |
| 50 | 57 | 2.5 | 3 | 3.5 | 3.5 | 4.5 | 5 | 7 |
| 70 | 76 | 3 | 3.5 | 3.5 | 4.5 | 6 | 6 | 9 |
| 80 | 89 | 3.5 | 4 | 4 | 5 | 6 | 7 | 11 |
| 100 | 108 | 4 | 4 | 4 | 6 | 7 | 12 | 13 |
| 125 | 133 | 4 | 4 | 4.5 | 6 | 9 | 13 | 17 |
| 150 | 159 | 4.5 | 4.5 | 5 | 7 | 10 | 17 | — |
| 200 | 219 | 6 | 6 | 7 | 10 | 13 | 21 | — |
| 250 | 273 | 8 | 7 | 8 | 11 | 16 | — | — |
| 300 | 325 | 8 | 8 | 9 | 12 | — | — | — |
| 350 | 377 | 9 | 9 | 10 | 13 | — | — | — |
| 400 | 426 | 9 | 10 | 12 | 15 | — | — | — |

注：表中的 $P_g$ 为公称压力，指管内可承受的流体表压力。

**表3 水煤气输送钢管（即有缝钢管）规格简表（摘自 YB 234—63）**

| 公称直径 | | 外径/mm | 壁厚/mm | |
|---|---|---|---|---|
| in(英寸) | mm | | 普通级 | 加强级 |
| 1/4 | 8 | 13.50 | 2.25 | 2.75 |
| 3/8 | 10 | 17.00 | 2.25 | 2.75 |
| 1/2 | 15 | 21.25 | 2.75 | 3.25 |
| 3/4 | 20 | 26.75 | 2.75 | 3.60 |
| 1 | 25 | 33.50 | 3.25 | 4.00 |
| $1\frac{1}{4}$ | 32 | 42.25 | 3.25 | 4.00 |
| $1\frac{1}{2}$ | 40 | 48.00 | 3.50 | 4.25 |
| 2 | 50 | 60.00 | 3.50 | 4.50 |
| $2\frac{1}{2}$ | 70 | 75.00 | 3.75 | 4.50 |
| 3 | 80 | 88.50 | 4.00 | 4.75 |
| 4 | 100 | 114.00 | 4.00 | 6.00 |
| 5 | 125 | 140.00 | 4.50 | 5.50 |
| 6 | 150 | 165.00 | 4.50 | 5.50 |

**表4 干空气的物理性质（101.33kPa）**

| 温度 $t$ /℃ | 密度 $\rho$ /(kg/m³) | 比热容 $C_p$ /[kJ/(kg·℃)] | 热导率 $\lambda \times 10^2$ /[W/(m·℃)] | 黏度 $\mu \times 10^5$ /(Pa·s) |
|---|---|---|---|---|
| 20 | 1.205 | 1.005 | 2.593 | 1.81 |
| 30 | 1.165 | 1.005 | 2.675 | 1.86 |
| 40 | 1.128 | 1.005 | 2.756 | 1.91 |
| 50 | 1.093 | 1.005 | 2.826 | 1.96 |
| 60 | 1.060 | 1.005 | 2.896 | 2.01 |
| 70 | 1.029 | 1.005 | 2.966 | 2.06 |
| 80 | 1.000 | 1.009 | 3.047 | 2.11 |
| 90 | 0.972 | 1.009 | 3.128 | 2.15 |
| 100 | 0.946 | 1.009 | 3.21 | 2.19 |
| 120 | 0.898 | 1.009 | 3.387 | 2.29 |
| 140 | 0.854 | 1.013 | 3.489 | 2.37 |
| 160 | 0.815 | 1.017 | 3.64 | 2.45 |
| 180 | 0.779 | 1.022 | 3.780 | 2.53 |
| 200 | 0.746 | 1.026 | 3.931 | 2.60 |

**表5 饱和水蒸气表（以用 kPa 为单位的压强为准）**

| 绝对压强 /kPa | 温度 /℃ | 蒸汽的密度 /(kg/m³) | 焓/(kJ/kg) | | 汽化热 /(kJ/kg) |
|---|---|---|---|---|---|
| | | | 液体 | 气体 | |
| 90.0 | 96.4 | 0.53384 | 403.49 | 2670.8 | 2267.4 |
| 100.0 | 99.6 | 0.58961 | 416.90 | 2676.3 | 2259.5 |
| 120.0 | 104.5 | 0.69868 | 437.51 | 2684.3 | 2246.8 |
| 140.0 | 109.2 | 0.80758 | 457.67 | 2692.1 | 2234.4 |
| 160.0 | 113.0 | 0.82981 | 473.88 | 2698.1 | 2224.2 |
| 180.0 | 116.6 | 1.0209 | 489.32 | 2703.7 | 2214.3 |

| 绝对压强 /kPa | 温度 /℃ | 蒸汽的密度 /(kg/m³) | 焓/(kJ/kg) 液体 | 焓/(kJ/kg) 气体 | 汽化热 /(kJ/kg) |
|---|---|---|---|---|---|
| 200.0 | 120.2 | 1.1273 | 493.71 | 2709.2 | 2204.6 |
| 250.0 | 127.2 | 1.3904 | 534.39 | 2719.7 | 2185.4 |
| 300.0 | 133.3 | 1.6501 | 560.38 | 2728.5 | 2168.1 |

### 表 6 列管式换热器中 $K$ 值的大致范围

| 冷流体 | 热流体 | 总传热系数/[W/(m²·℃)] |
|---|---|---|
| 水 | 水 | 850~1700 |
| 水 | 气体 | 17~280 |
| 水 | 有机溶剂 | 280~850 |
| 水 | 轻油 | 340~910 |
| 水 | 重油 | 60~280 |
| 有机溶剂 | 有机溶剂 | 115~340 |
| 水 | 水蒸气冷凝 | 1420~4250 |
| 气体 | 水蒸气冷凝 | 30~300 |
| 水 | 低沸点烃类冷凝 | 455~1140 |
| 水沸腾 | 水蒸气冷凝 | 2000~4250 |
| 轻油沸腾 | 水蒸气 | 455~1020 |

### 表 7 不同温度下 $CO_2$ 溶于水的亨利系数

| 温度/℃ | 0 | 5 | 10 | 15 | 20 | 25 | 30 | 35 | 40 | 45 | 50 |
|---|---|---|---|---|---|---|---|---|---|---|---|
| $E$/MPa | 73.7 | 88.7 | 105 | 124 | 144 | 166 | 188 | 212 | 236 | 260 | 287 |

### 表 8 常压下乙醇-水系统 $y$-$x$ 平衡数据

| 液相中乙醇的含量（摩尔分数 $x$） | 汽相中乙醇的含量（摩尔分数 $y$） | 液相中乙醇的含量（摩尔分数 $x$） | 汽相中乙醇的含量（摩尔分数 $y$） |
|---|---|---|---|
| 0.0 | 0.0 | 0.40 | 0.614 |
| 0.004 | 0.053 | 0.45 | 0.635 |
| 0.01 | 0.11 | 0.50 | 0.657 |
| 0.02 | 0.175 | 0.55 | 0.678 |
| 0.04 | 0.273 | 0.60 | 0.698 |
| 0.06 | 0.34 | 0.65 | 0.725 |
| 0.08 | 0.392 | 0.70 | 0.755 |
| 0.10 | 0.43 | 0.75 | 0.785 |
| 0.14 | 0.482 | 0.80 | 0.82 |
| 0.18 | 0.513 | 0.85 | 0.855 |
| 0.20 | 0.525 | 0.894 | 0.894 |
| 0.25 | 0.551 | 0.90 | 0.898 |
| 0.30 | 0.575 | 0.95 | 0.942 |
| 0.35 | 0.595 | 1.0 | 1.0 |

**表9　常压下乙醇-水系统 $t$-$x$-$y$ 平衡数据**

| 温度/℃ | 乙醇的摩尔分数 | | 温度/℃ | 乙醇的摩尔分数 | |
|---|---|---|---|---|---|
| | $x$ | $y$ | | $x$ | $y$ |
| 95.5 | 0.0190 | 0.1700 | 80.7 | 0.3965 | 0.6122 |
| 89.0 | 0.0721 | 0.3891 | 79.8 | 0.5079 | 0.6564 |
| 86.7 | 0.0966 | 0.4375 | 79.7 | 0.5198 | 0.6599 |
| 85.3 | 0.1238 | 0.4704 | 79.3 | 0.5732 | 0.6481 |
| 84.1 | 0.1661 | 0.5089 | 78.74 | 0.6763 | 0.7385 |
| 82.7 | 0.2337 | 0.5445 | 78.41 | 0.7472 | 0.7815 |
| 82.3 | 0.2608 | 0.5580 | 78.15 | 0.8943 | 0.8943 |
| 81.5 | 0.3273 | 0.5826 | | | |

**表10　水和乙醇的物理性质**

| 名称 | 分子式 | 分子量 | 密度(20℃) /(kg/m³) | 沸点(101.3kPa) /℃ | 比热容(20℃) /[kJ/(kg·℃)] |
|---|---|---|---|---|---|
| 水 | $H_2O$ | 18.02 | 998 | 100 | 4.183 |
| 乙醇 | $C_2H_5OH$ | 46.07 | 789 | 78.3 | 2.39 |

# 附录二　用酸碱滴定法测苯甲酸含量

**1. 测定方法**

用移液管分别取煤油相 10mL、水相 25mL 样品，以酚酞做指示剂，用 0.02mol/L 左右的 NaOH 标准液滴定样品中的苯甲酸。在滴定煤油相时应在样品中加数滴非离子型表面活性剂醚磺化 AES（脂肪醇聚乙烯醚硫酸脂钠盐），也可加入其他类型的非离子型表面活性剂，并激烈地摇动滴定至终点。

**2. 测定原理**

由苯甲酸与 NaOH 的化学反应式：

$$C_6H_5COOH + NaOH \rightleftharpoons C_6H_5COONa + H_2O$$

可知，到达滴定终点（化学计量点）时，被滴物的物质的量 $n_{C_6H_5COOH}$ 和滴定剂的物质的量 $n_{NaOH}$ 正好相等。即

$$n_{C_6H_5COOH} = n_{NaOH} = c_{NaOH}V_{NaOH}$$

式中　$c_{NaOH}$——NaOH 溶液的物质的量浓度，mol/L；

　　　$V_{NaOH}$——NaOH 溶液的体积，mL。

# 附录三　特殊设备、仪表的操作

1. 柱塞式计量泵的启动与流量调节方法

第1步：（以全回流时回流泵的启动为例）回流罐内建立适当液位后，将现场回流泵进出口阀门均打开至全开状态。

回流泵出口阀(即
流量计开关)

回流泵入口阀

回流泵

第2步：按下回流泵开关。

第3步：当回流泵变频器显示"××.××"时，按下列顺序设定频率，启动泵。

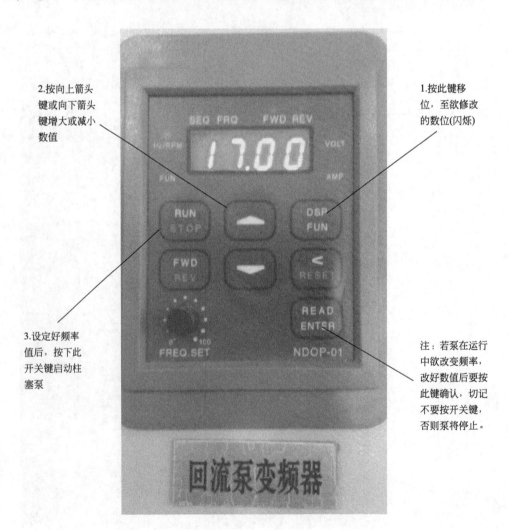

**2. 自动控制仪表的设定或修改设定值的方法**

以吸收剂泵（离心泵）的启动、流量调节为例。

第1步：确认现场吸收剂泵（离心泵）已灌好泵，且出口阀处于关闭状态。

吸收剂泵出口阀

吸收剂泵

第 2 步：按下吸收剂泵（即解吸液泵）开关。

第 3 步：在仪表操作台"吸收剂流量控制"仪表上给设定值。

1.按此键移位，使SV窗口的"·"移至欲修改的数位右下角

注：设定值给好后，仪表会默认此设定值，不要按此键

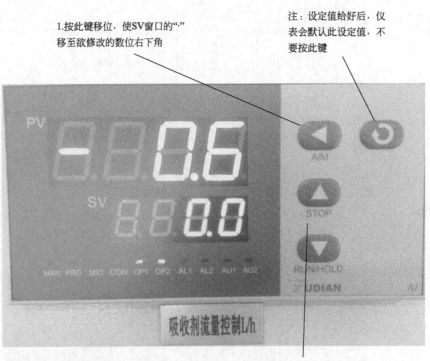

3.运行中修改设定值以改变流量，只要重复进行前两步即可

2.按向上箭头键或向下箭头键增大或减小设定的数值

第4步：按下变频器面板上的"RUN/STOP"键启动，解吸液泵即在设定的流量下工作。

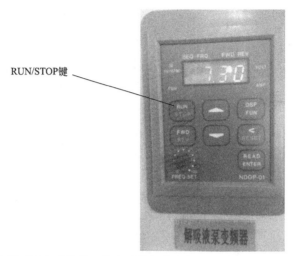

RUN/STOP键

注：1. 解吸液泵的流量可以自动控制，其流量设定或改变时，应在上述第3步的仪表上设定或修改设定值，不得在变频器面板上给设定值；

2. 运行中改变流量，亦不得在变频器面板上修改。

3. 大赛版精馏装置启动再沸器加热和调节加热功率的方法

第1步：确认再沸器内液位适当，相关阀门处于正确开关状态，将控制台上再沸器加热钥匙开关转动至"开"位置，此时加热指示灯亮。

第 2 步：手动设定加热电压数值。

首先找到再沸器加热电压调节窗口。

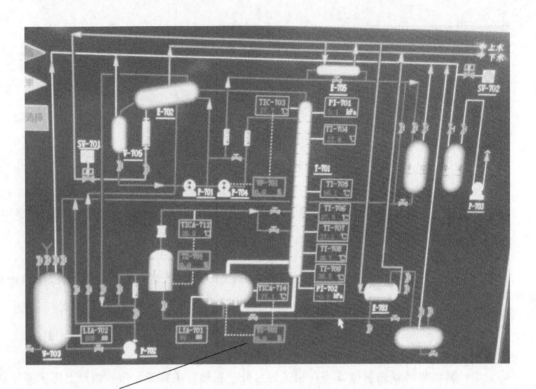

再沸器加热电压调
节窗口

然后将鼠标置于"0.0"处，会显示"TIC714A.MV 再沸器控制 A"。

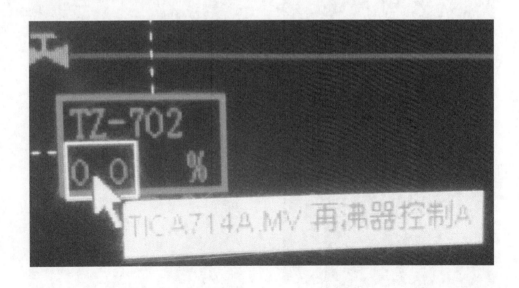

此时单击鼠标左键，出现"再沸器控制 A"对话框。

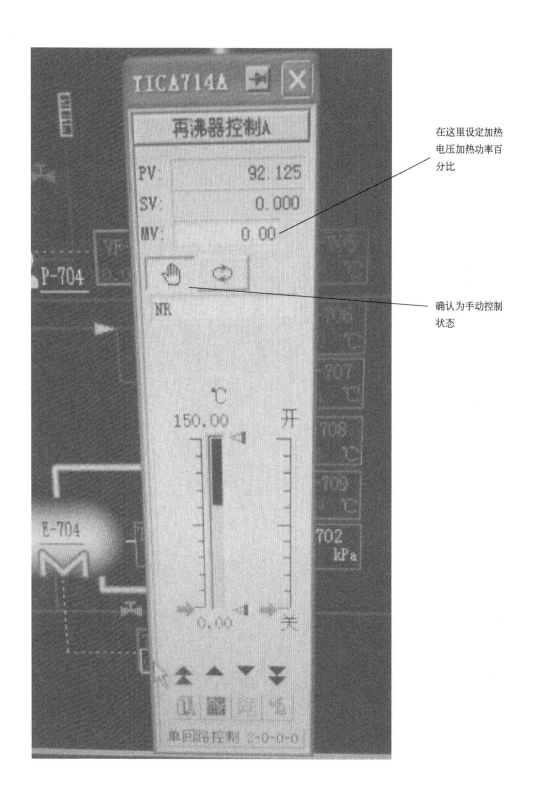

在这里设定加热
电压加热功率百
分比

确认为手动控制
状态

在手动控制 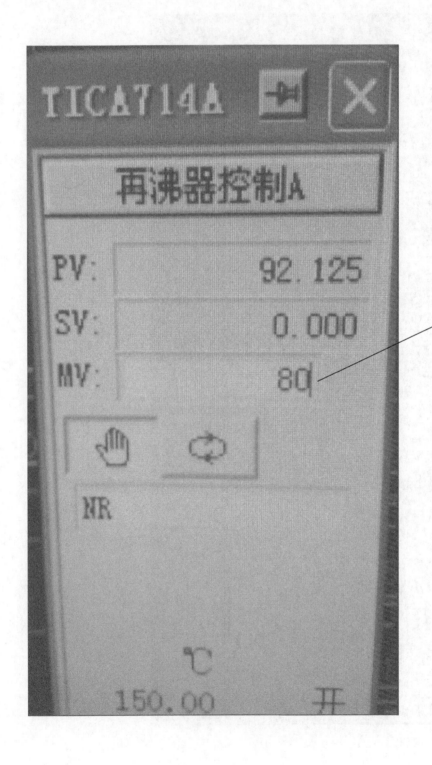 状态下，设定调压模块电压功率百分比，并按下键盘"Enter"键确认。此时再沸器加热系统正式启动。

如打算设定为80%，则输入"80"，并按下键盘"Enter"键确认。

# 附录四　化工总控工国家职业标准

1. 职业概况

1.1　职业名称

化工总控工。

1.2　职业定义

操作总控室的仪表、计算机等，监控或调节一个或多个单元反应或单元操作，将原料经化学反应或物理处理过程制成合格产品的人员。

1.3　职业等级

本职业共设五个等级，分别为：初级（国家职业资格五级）、中级（国家职业资格四级）、高级（国家职业资格三级）、技师（国家职业资格二级）、高级技师（国家职业资格一级）。

1.4　职业环境

室内，常温，存在一定有毒有害气体、粉尘、烟尘和噪声。

1.5　职业能力特征

身体健康，具有一定的学习理解和表达能力，四肢灵活，动作协调，听、嗅觉较灵敏，视力良好，具有分辨颜色的能力。

1.6　基本文化程度

高中毕业（或同等学历）。

1.7　培训要求

1.7.1　培训期限

全日制职业学校教育，根据其培养目标和教学计划确定。晋级培训期限：初级不少于360标准学时；中级不少于300标准学时；高级不少于240标准学时；技师不少于200标准学时；高级技师不少于200标准学时。

1.7.2　培训教师

培训初、中级的教师应具有本职业高级及以上职业资格证书或本专业中级及以上专业技术职务任职资格；培训高级的教师应具有本职业技师及以上职业资格证书或本专业高级专业技术职务任职资格；培训技师的教师应具有本职业高级技师职业资格证书、本职业技师职业资格证书3年以上或本专业高级专业技术职务任职资格2年以上；培训高级技师的教师应具有本职业高级技师职业资格证书3年以上或本专业高级专业技术职务任职资格3年以上。

1.7.3　培训场地设备

理论培训场地应为可容纳20名以上学员的标准教室，设施完善。实际操作培训场所应为具有本职业必备设备的场地。

1.8　鉴定要求

1.8.1　适用对象

从事或准备从事本职业的人员。

1.8.2　申报条件

——初级（具备以下条件之一者）

（1）经本职业初级正规培训达规定标准学时数，并取得结业证书。

（2）在本职业连续见习工作 2 年以上。

——中级（具备以下条件之一者）

（1）取得本职业或相关职业初级职业资格证书后，连续从事本职业工作 2 年以上，经本职业中级正规培训达规定标准学时数，并取得结业证书。

（2）取得本职业或相关职业初级职业资格证书后，连续从事本职业工作 4 年以上。

（3）取得与本职业相关职业中级职业资格证书后，连续从事本职业工作 2 年以上。

（4）连续从事本职业工作 5 年以上。

（5）取得经劳动保障行政部门审核认定的、以中级技能为培养目标的中等以上职业学校本职业（专业）毕业证书。

——高级（具备以下条件之一者）

（1）取得本职业中级职业资格证书后，连续从事本职业工作 3 年以上，经本职业高级正规培训达规定标准学时数，并取得结业证书。

（2）取得本职业中级职业资格证书后，连续从事本职业工作 5 年以上。

（3）取得高级技工学校或经劳动保障行政部门审核认定的、以高级技能为培养目标的高等职业学校本职业（专业）毕业证书。

（4）大专以上本专业或相关专业毕业生，连续从事本职业工作 2 年以上。

——技师（具备以下条件之一者）

（1）取得本职业高级职业资格证书后，连续从事本职业工作 3 年以上，经本职业技师正规培训达规定标准学时数，并取得结业证书。

（2）取得本职业高级职业资格证书后，连续从事本职业工作 5 年以上。

（3）高等技工学校或经劳动保障行政部门审核认定的、以高级技能为培养目标的高等职业学校本职业（专业）毕业生，连续从事职业工作 2 年以上。

（4）大专以上本专业或相关专业毕业生，取得本职业高级职业资格证书后，连续从事本职业工作 2 年以上。

——高级技师（具备以下条件之一者）

（1）取得本职业技师职业资格证书后，连续从事本职业工作 3 年以上，经本职业高级技师正规培训达规定标准学时数，并取得结业证书。

（2）取得本职业技师职业资格证书后，连续从事本职业工作 5 年以上。

1.8.3　鉴定方式

本职业覆盖不同种类的化工产品的生产，根据申报人实际的操作单元选择相应的理论知识和技能要求进行鉴定。理论知识考试采用闭卷笔试方式，技能操作考核采用现场实际操作、模拟操作、闭卷笔试、答辩等方式。理论知识考试和技能操作考核均实行百分制，成绩皆达到 60 分及以上者为合格。技师和高级技师还须进行综合评审。

1.8.4　考评人员与考生配比

理论知识考试考评人员与考生配比为 1∶15，每个标准教室不少于 2 名考评人员；技能操作考核考评员与考生配比为 1∶3，且不少于 3 名考评员。综合评审委员会成员不少于 5 人。

1.8.5　鉴定时间

理论知识考试时间不少于 90 分钟，技能操作考核时间不少于 60 分钟，综合评审时间不少于 30 分钟。

1.8.6 鉴定场所设备

理论知识考试在标准教室进行。技能操作考核在模拟操作室、生产装置或标准教室进行。

2. 基本要求

2.1 职业道德

2.1.1 职业道德基本知识

2.1.2 职业守则

(1) 爱岗敬业，忠于职守。

(2) 按章操作，确保安全。

(3) 认真负责，诚实守信。

(4) 遵规守纪，着装规范。

(5) 团结协作，相互尊重。

(6) 节约成本，降耗增效。

(7) 保护环境，文明生产。

(8) 不断学习，努力创新。

2.2 基础知识

2.2.1 化学基础知识

(1) 无机化学基本知识。

(2) 有机化学基本知识。

(3) 分析化学基本知识。

(4) 物理化学基本知识。

2.2.2 化工基础知识

2.2.2.1 流体力学知识

(1) 流体的物理性质及分类。

(2) 流体静力学。

(3) 流体输送基本知识。

2.2.2.2 传热学知识

(1) 传热的基本概念。

(2) 传热的基本方程。

(3) 传热学应用知识。

2.2.2.3 传质知识

(1) 传质基本概念。

(2) 传质基本原理。

2.2.2.4 压缩、制冷基础知识

(1) 压缩基础知识。

(2) 制冷基础知识。

2.2.2.5 干燥知识

(1) 干燥基本概念。

(2) 干燥的操作方式及基本原理。

(3) 干燥影响因素。

2.2.2.6　精馏知识

(1) 精馏基本原理。

(2) 精馏流程。

(3) 精馏塔的操作。

(4) 精馏的影响因素。

2.2.2.7　结晶基础知识

2.2.2.8　气体的吸收基本原理

2.2.2.9　蒸发基础知识

2.2.2.10　萃取基础知识

2.2.3　催化剂基础知识

2.2.4　识图知识

(1) 投影的基本知识。

(2) 三视图。

(3) 工艺流程图和设备结构图。

2.2.5　分析检验知识

(1) 分析检验常识。

(2) 主要分析项目、取样点、分析频次及指标范围。

2.2.6　化工机械与设备知识

(1) 主要设备工作原理。

(2) 设备维护保养基本知识。

(3) 设备安全使用常识。

2.2.7　电工、电器、仪表知识

(1) 电工基本概念。

(2) 直流电与交流电知识。

(3) 安全用电知识。

(4) 仪表的基本概念。

(5) 常用温度、压力、液位、流量（计）、湿度（计）知识。

(6) 误差知识。

(7) 本岗位所使用的仪表、电器、计算机的性能、规格、使用和维护知识。

(8) 常规仪表、智能仪表、集散控制系统（DCS、FCS）使用知识。

2.2.8　计量知识

(1) 计量与计量单位。

(2) 计量国际单位制。

(3) 法定计量单位基本换算。

2.2.9　安全及环境保护知识

(1) 防火、防爆、防腐蚀、防静电、防中毒知识。

(2) 安全技术规程。

(3) 环保基础知识。

(4) 废水、废气、废渣的性质、处理方法和排放标准。

(5) 压力容器的操作安全知识。

（6）高温高压、有毒有害、易燃易爆、冷冻剂等特殊介质的特性及安全知识。

（7）现场急救知识。

2.2.10　消防知识

（1）物料危险性及特点。

（2）灭火的基本原理及方法。

（3）常用灭火设备及器具的性能和使用方法。

2.2.11　相关法律、法规知识

（1）劳动法相关知识。

（2）安全生产法及化工安全生产法规相关知识。

（3）化学危险品管理条例相关知识。

（4）职业病防治法及化工职业卫生法规相关知识。

3．工作要求

本标准对初级、中级、高级、技师、高级技师的技能要求依次递进，高级别涵盖低级别的要求。

3.1　初级

| 职业功能 | 工作内容 | 技能要求 | 相关知识 |
| --- | --- | --- | --- |
| 一、开车准备 | （一）工艺文件准备 | 1．能识读、绘制工艺流程简图<br>2．能识读本岗位主要设备的结构简图<br>3．能识记本岗位操作规程 | 1．流程图各种符号的含义<br>2．化工设备图形代号知识<br>3．本岗位操作规程、工艺技术规程 |
| | （二）设备检查 | 1．能确认盲板是否抽堵、阀门是否完好、管路是否通畅<br>2．能检查记录报表、用品、防护器材是否齐全<br>3．能确认应开、应关阀门的阀位<br>4．能检查现场与总控室内压力、温度、液位、阀位等仪表指示是否一致 | 1．盲板抽堵知识<br>2．本岗位常用器具的规格、型号及使用知识<br>3．设备、管道检查知识<br>4．本岗位总控系统基本知识 |
| | （三）物料准备 | 能引进本岗位水、气、汽等公用工程介质 | 公用工程介质的物理、化学特征 |
| 二、总控操作 | （一）运行操作 | 1．能进行自控仪表、计算机控制系统的台面操作<br>2．能利用总控仪表和计算机控制系统对现场进行遥控操作及切换操作<br>3．能根据指令调整本岗位的主要工艺参数<br>4．能进行常用计量单位换算<br>5．能完成日常的巡回检查<br>6．能填写各种生产记录<br>7．能悬挂各种警示牌 | 1．生产控制指标及调节知识<br>2．各项工艺指标的制定标准和依据<br>3．计量单位换算知识<br>4．巡回检查知识<br>5．警示牌的类别及挂牌要求 |
| | （二）设备维护保养 | 1．能保持总控仪表、计算机的清洁卫生<br>2．能保持打印机的清洁、完好 | 仪表、控制系统维护知识 |
| 三、事故判断与处理 | （一）事故判断 | 1．能判断设备的温度、压力、液位、流量异常等故障<br>2．能判断传动设备的跳车事故 | 1．装置运行参数<br>2．跳车事故的判断方法 |
| | （二）事故处理 | 1．能处理酸、碱等腐蚀介质的灼伤事故<br>2．能按指令切断事故物料 | 1．酸、碱等腐蚀介质灼伤事故的处理方法<br>2．有毒有害物料的理化性质 |

## 3.2 中级

| 职业功能 | 工作内容 | 技能要求 | 相关知识 |
|---|---|---|---|
| 一、开车准备 | (一)工艺文件准备 | 1. 能识读并绘制带控制点的工艺流程图(PID)<br>2. 能绘制主要设备结构简图<br>3. 能识读工艺配管图<br>4. 能识记工艺技术规程 | 1. 带控制点的工艺流程图中控制点符号的含义<br>2. 设备结构图绘制方法<br>3. 工艺管道轴测图绘图知识<br>4. 工艺技术规程知识 |
| | (二)设备检查 | 1. 能完成本岗位设备的查漏、置换操作<br>2. 能确认本岗位电气、仪表是否正常<br>3. 能检查确认安全阀、爆破膜等安全附件是否处于备用状态 | 1. 压力容器操作知识<br>2. 仪表联锁、报警基本原理<br>3. 联锁设定值,安全阀设定值、校验值,安全阀校验周期知识 |
| | (三)物料准备 | 能将本岗位原料、辅料引进到界区 | 本岗位原料、辅料理化特性及规格知识 |
| 二、总控操作 | (一)开车操作 | 1. 能按操作规程进行开车操作<br>2. 能将各工艺参数调节至正常指标范围<br>3. 能进行投料配比计算 | 1. 本岗位开车操作步骤<br>2. 本岗位开车操作注意事项<br>3. 工艺参数调节方法<br>4. 物料配方计算知识 |
| | (二)运行操作 | 1. 能操作总控仪表、计算机控制系统对本岗位的全部工艺参数进行跟踪监控和调节,并能指挥进行参数调节<br>2. 能根据中控分析结果和质量要求调整本岗位的操作<br>3. 能进行物料衡算 | 1. 生产控制参数的调节方法<br>2. 中控分析基本知识<br>3. 物料衡算知识 |
| | (三)停车操作 | 1. 能按操作规程进行停车操作<br>2. 能完成本岗位介质的排空、置换操作<br>3. 能完成本岗位机、泵、管线、容器等设备的清洗、排空操作<br>4. 能确认本岗位阀门处于停车时的开闭状态 | 1. 本岗位停车操作步骤<br>2. "三废"排放点、"三废"处理要求<br>3. 介质排空、置换知识<br>4. 岗位停车要求 |
| 三、事故判断与处理 | (一)事故判断 | 1. 能判断物料中断的事故<br>2. 能判断跑料、串料等工艺事故<br>3. 能判断停水、停电、停气、停汽等突发事故<br>4. 能判断常见的设备、仪表故障<br>5. 能根据产品质量标准判断产品质量事故 | 1. 设备运行参数<br>2. 岗位常见事故的原因分析知识<br>3. 产品质量标准 |
| | (二)事故处理 | 1. 能处理温度、压力、液位、流量异常等故障<br>2. 能处理物料中断事故<br>3. 能处理跑料、串料等工艺事故<br>4. 能处理停水、停电、停气、停汽等突发事故<br>5. 能处理产品质量事故<br>6. 能发相应的事故信号 | 1. 设备温度、压力、液位、流量异常的处理方法<br>2. 物料中断事故处理方法<br>3. 跑料、串料事故处理方法<br>4. 停水、停电、停气、停汽等突发事故的处理方法<br>5. 产品质量事故的处理方法<br>6. 事故信号知识 |

### 3.3　高级

| 职业功能 | 工作内容 | 技能要求 | 相关知识 |
|---|---|---|---|
| 一、开车准备 | （一）工艺文件准备 | 1. 能绘制工艺配管简图<br>2. 能识读仪表联锁图<br>3. 能识记工艺技术文件 | 1. 工艺配管图绘制知识<br>2. 仪表联锁图知识<br>3. 工艺技术文件知识 |
| | （二）设备检查 | 1. 能完成多岗位化工设备的单机试运行<br>2. 能完成多岗位试压、查漏、气密性试验、置换工作<br>3. 能完成多岗位水联动试车操作<br>4. 能确认多岗位设备、电气、仪表是否符合开车要求<br>5. 能确认多岗位的仪表联锁、报警设定值以及控制阀阀位<br>6. 能确认多岗位开车前准备工作是否符合开车要求 | 1. 化工设备知识<br>2. 装置气密性试验知识<br>3. 开车需具备的条件 |
| | （三）物料准备 | 1. 能指挥引进多岗位的原料、辅料到界区<br>2. 能确认原料、辅料和公用工程介质是否满足开车要求 | 公用工程运行参数 |
| 二、总控操作 | （一）开车操作 | 1. 能按操作规程完成多岗位的开车操作<br>2. 能指挥多岗位的开车工作<br>3. 能将多岗的工艺参数调节至正常指标范围内 | 1. 相关岗位的操作法<br>2. 相关岗位操作注意事项 |
| | （二）运行操作 | 1. 能进行多岗位的工艺优化操作<br>2. 能根据控制参数的变化，判断产品质量<br>3. 能进行催化剂还原、钝化等特殊操作<br>4. 能进行热量衡算<br>5. 能进行班组经济核算 | 1. 岗位单元操作原理、反应机理<br>2. 操作参数对产品理化性质的影响<br>3. 催化剂升温还原、钝化等操作方法及注意事项<br>4. 热量衡算知识<br>5. 班组经济核算知识 |
| | （三）停车操作 | 1. 能按工艺操作规程要求完成多岗位停车操作<br>2. 能指挥多岗位完成介质的排空、置换操作<br>3. 能确认多岗位阀门处于停车时的开闭状态 | 1. 装置排空、置换知识<br>2. 装置"三废"名称及"三废"排放标准、"三废"处理的基本工作原理<br>3. 设备安全交出检修的规定 |
| 三、事故判断与处理 | （一）事故判断 | 1. 能根据操作参数、分析数据判断装置事故隐患<br>2. 能分析、判断仪表联锁动作的原因 | 1. 装置事故的判断和处理方法<br>2. 操作参数超指标的原因 |
| | （二）事故处理 | 1. 能根据操作参数、分析数据处理事故隐患<br>2. 能处理仪表联锁跳车事故 | 1. 事故隐患处理方法<br>2. 仪表联锁跳车事故处理方法 |

## 3.4 技师

| 职业功能 | 工作内容 | 技能要求 | 相关知识 |
|---|---|---|---|
| 一、总控操作 | （一）开车准备 | 1. 能编写装置开车前的吹扫、气密性试验、置换等操作方案<br>2. 能完成装置开车工艺流程的确认<br>3. 能完成装置开车条件的确认<br>4. 能识读设备装配图<br>5. 能绘制技术改造简图 | 1. 吹扫、气密性试验、置换方案编写要求<br>2. 机械、电气、仪表、安全、环保、质量等相关岗位的基础知识<br>3. 机械制图基础知识 |
| | （二）运行操作 | 1. 能指挥装置的开车、停车操作<br>2. 能完成装置技术改造项目实施后的开车、停车操作<br>3. 能指挥装置停车后的排空、置换操作<br>4. 能控制并降低停车过程中的物料及能源消耗<br>5. 能参与新装置及装置改造后的验收工作<br>6. 能进行主要设备效能计算<br>7. 能进行数据统计和处理 | 1. 装置技术改造方案实施知识<br>2. 物料回收方法<br>3. 装置验收知识<br>4. 设备效能计算知识<br>5. 数据统计处理知识 |
| 二、事故判断与处理 | （一）事故判断 | 1. 能判断装置温度、压力、流量、液位等参数大幅度波动的事故原因<br>2. 能分析电气、仪表、设备等事故 | 1. 装置温度、压力、流量、液位等参数大幅度波动的原因分析方法<br>2. 电气、仪表、设备等事故原因的分析方法 |
| | （二）事故处理 | 1. 能处理装置温度、压力、流量、液位等参数大幅度波动事故<br>2. 能组织装置事故停车后恢复生产的工作<br>3. 能组织演练事故应急预案 | 1. 装置温度、压力、流量、液位等参数大幅度波动的处理方法<br>2. 装置事故停车后恢复生产的要求<br>3. 事故应急预案知识 |
| 三、管理 | （一）质量管理 | 能组织开展质量攻关活动 | 质量管理知识 |
| | （二）生产管理 | 1. 能指导班组进行经济活动分析<br>2. 能应用统计技术对生产工况进行分析<br>3. 能参与装置的性能负荷测试工作 | 1. 工艺技术管理知识<br>2. 统计基础知识<br>3. 装置性能负荷测试要求 |
| 四、培训与指导 | （一）理论培训 | 1. 能撰写生产技术总结<br>2. 能编写常见事故处理预案<br>3. 能对初级、中级、高级操作人员进行理论培训 | 1. 技术总结撰写知识<br>2. 事故预案编写知识 |
| | （二）操作指导 | 1. 能传授特有操作技能和经验<br>2. 能对初级、中级、高级操作人员进行现场培训指导 | |

## 3.5　高级技师

| 职业功能 | 工作内容 | 技能要求 | 相关知识 |
|---|---|---|---|
| 一、总控操作 | （一）开车准备 | 1. 能编写装置技术改造后的开车、停车方案<br>2. 能参与改造项目工艺图纸的审定 | 1. 装置的有关设计资料知识<br>2. 装置的技术文件知识<br>3. 同类型装置的工艺、生产控制技术知识<br>4. 装置优化计算知识<br>5. 产品物料、热量衡算知识 |
| | （二）运行操作 | 1. 能组织完成同类型装置的联动试车、化工投产试车<br>2. 能编制优化生产方案并组织实施<br>3. 能组织实施同类型装置的停车检修<br>4. 能进行装置或产品物料平衡、热量平衡的工程计算<br>5. 能进行装置优化的相关计算<br>6. 能绘制主要设备结构图 | |
| 二、事故判断与处理 | （一）事故判断 | 1. 能判断反应突然终止等工艺事故<br>2. 能判断有毒有害物料泄漏等设备事故<br>3. 能判断着火、爆炸等重大事故 | 1. 化学反应突然终止的判断及处理方法<br>2. 有毒有害物料泄漏的判断及处理方法<br>3. 着火、爆炸事故的判断及处理方法 |
| | （二）事故处理 | 1. 能处理反应突然终止等工艺事故<br>2. 能处理有毒有害物料泄漏等设备事故<br>3. 能处理着火、爆炸等重大事故<br>4. 能落实装置安全生产的安全措施 | |
| 三、管理 | （一）质量管理 | 1. 能编写提高产品质量的方案并组织实施<br>2. 能按质量管理体系要求指导工作 | 1. 影响产品质量的因素<br>2. 质量管理体系相关知识 |
| | （二）生产管理 | 1. 能组织实施本装置的技术改进措施项目<br>2. 能进行装置经济活动分析 | 1. 实施项目技术改造措施的相关知识<br>2. 装置技术经济指标知识 |
| | （三）技术改进 | 1. 能编写工艺、设备改进方案<br>2. 能参与重大技术改造方案的审定 | 1. 工艺、设备改进方案的编写要求<br>2. 技术改造方案的编写知识 |
| 四、培训与指导 | （一）理论培训 | 1. 能撰写技术论文<br>2. 能编写培训大纲 | 1. 技术论文撰写知识<br>2. 培训教案、教学大纲的编写知识<br>3. 本职业的理论及实践操作知识 |
| | （二）操作指导 | 1. 能对技师进行现场指导<br>2. 能系统讲授本职业的主要知识 | |

### 4. 比重表

#### 4.1 理论知识

| 项目 | | 初级/% | 中级/% | 高级/% | 技师/% | 高级技师/% |
|---|---|---|---|---|---|---|
| 基本要求 | 职业道德 | 5 | 5 | 5 | 5 | 5 |
| | 基础知识 | 30 | 25 | 20 | 15 | 10 |
| 相关知识 | 开车准备 — 工艺文件准备 | 6 | 5 | 5 | — | — |
| | 开车准备 — 设备检查 | 7 | 5 | 5 | — | — |
| | 开车准备 — 物料准备 | 5 | 5 | 5 | — | — |
| | 总控操作 — 开车准备 | — | — | — | 15 | 10 |
| | 总控操作 — 开车操作 | — | 10 | 9 | — | — |
| | 总控操作 — 运行操作 | 35 | 20 | 18 | 25 | 20 |
| | 总控操作 — 停车操作 | — | 7 | 8 | — | — |
| | 总控操作 — 设备维护保养 | 2 | | | | |
| | 事故判断与处理 — 事故判断 | 4 | 8 | 10 | 12 | 15 |
| | 事故判断与处理 — 事故处理 | 6 | 10 | 15 | 15 | 15 |
| | 管理 — 质量管理 | — | — | — | 2 | 4 |
| | 管理 — 生产管理 | — | — | — | 5 | 6 |
| | 管理 — 技术改进 | — | — | — | — | 5 |
| | 培训与指导 — 理论培训 | — | — | — | 3 | 5 |
| | 培训与指导 — 操作指导 | — | — | — | 3 | 5 |
| 合计 | | 100 | 100 | 100 | 100 | 100 |

#### 4.2 技能操作

| 项目 | | 初级/% | 中级/% | 高级/% | 技师/% | 高级技师/% |
|---|---|---|---|---|---|---|
| 技能要求 | 开车准备 — 工艺文件准备 | 15 | 12 | 10 | — | — |
| | 开车准备 — 设备检查 | 10 | 6 | 5 | — | — |
| | 开车准备 — 物料准备 | 10 | 5 | 5 | — | — |
| | 总控操作 — 开车准备 | — | — | — | 20 | 15 |
| | 总控操作 — 开车操作 | — | 10 | 10 | — | — |
| | 总控操作 — 运行操作 | 50 | 35 | 30 | 30 | 20 |
| | 总控操作 — 停车操作 | — | 10 | 10 | — | — |
| | 总控操作 — 设备维护保养 | 4 | — | — | — | — |
| | 事故判断与处理 — 事故判断 | 5 | 12 | 15 | 17 | 16 |
| | 事故判断与处理 — 事故处理 | 6 | 10 | 15 | 18 | 18 |
| | 管理 — 质量管理 | — | — | — | 5 | 5 |
| | 管理 — 生产管理 | — | — | — | 6 | 10 |
| | 管理 — 技术改进 | — | — | — | — | 6 |
| | 培训与指导 — 理论培训 | — | — | — | 2 | 5 |
| | 培训与指导 — 操作指导 | — | — | — | 2 | 5 |
| 合计 | | 100 | 100 | 100 | 100 | 100 |

# 附录五　二维码信息介绍

| 编号 | 信息名称 | 信息简介 | 二维码 |
|---|---|---|---|
| M1-1 | 利用离心泵2将水槽里的水输送至反应釜内 | 展示流体输送操作任务中利用离心泵2将水槽里的水输送至反应釜内的操作 | |
| M1-2 | 离心泵启动前的准备工作 | 展示流体输送操作任务中离心泵启动前的准备工作 | |
| M1-3 | 启动离心泵2向反应釜送料 | 展示流体输送操作任务中启动离心泵2向反应釜送料的操作 | |
| M1-4 | 规范停泵 | 展示流体输送操作任务中规范停泵的操作 | |
| M2-1 | 气体加热操作装置流程 | 展示气体加热操作装置流程 | |
| M2-2 | 开车准备 | 展示气体加热操作任务中的开车准备操作 | |
| M2-3 | 正常开车 | 展示气体加热操作任务中的正常开车操作 | |
| M2-4 | 正常停车 | 展示气体加热操作任务中的正常停车操作 | |
| M3-1 | 气体吸收操作装置流程 | 展示气体吸收操作装置流程 | |

续表

| 编号 | 信息名称 | 信息简介 | 二维码 |
|------|----------|----------|--------|
| M3-2 | 开车准备 | 展示气体吸收操作任务中的开车准备操作 | |
| M3-3 | 正常开车 | 展示气体吸收操作任务中的正常开车操作 | |
| M3-4 | 正常停车 | 展示气体吸收操作任务中的正常停车操作 | |
| M4-1 | 灌塔进料进行中 | 展示液体精馏操作(一)任务中的灌塔进料操作 | |
| M4-2 | 回流罐建立足够液位 | 展示液体精馏操作(一)任务中的回流罐建立足够液位操作 | |
| M4-3 | 改通全回流流程 | 展示液体精馏操作(一)任务中的改通全回流流程操作 | |
| M4-4 | 启动回流泵 | 展示液体精馏操作(一)任务中的启动回流泵操作 | |
| M4-5 | 调节回流量 | 展示液体精馏操作(一)任务中的调节回流量操作 | |
| M4-6 | 操作中的塔内景象 | 展示液体精馏操作(一)任务中操作中的塔内景象 | |

| 编号 | 信息名称 | 信息简介 | 二维码 |
|------|----------|----------|--------|
| M4-7 | 启动采出泵 | 展示液体精馏操作(一)任务中的启动采出泵操作 | |
| M4-8 | 出产品了 | 展示液体精馏操作(一)任务中的出产品景象 | |
| M4-9 | 酒精计测浓度 | 展示液体精馏操作(一)任务中的酒精计测浓度操作 | |
| M5-1 | 液体精馏操作装置流程 | 展示液体精馏操作(二)任务中的液体精馏操作装置流程 | |
| M5-2 | 开车准备 | 展示液体精馏操作(二)任务中的开车准备操作 | |
| M5-3 | 灌塔进料 | 展示液体精馏操作(二)任务中的灌塔进料操作 | |
| M5-4 | 启动再沸器加热 | 展示液体精馏操作(二)任务中的启动再沸器加热操作 | |
| M5-5 | 通塔顶冷凝器冷却水 | 展示液体精馏操作(二)任务中的通塔顶冷凝器冷却水操作 | |
| M5-6 | 调节再沸器和预热器加热量 | 展示液体精馏操作(二)任务中的调节再沸器和预热器加热量操作 | |

| 编号 | 信息名称 | 信息简介 | 二维码 |
| --- | --- | --- | --- |
| M5-7 | 全回流 | 展示液体精馏操作(二)任务中的全回流操作 | |
| M5-8 | 连续进料 | 展示液体精馏操作(二)任务中的连续进料操作 | |
| M5-9 | 塔顶产品采出 | 展示液体精馏操作(二)任务中的塔顶产品采出操作 | |
| M5-10 | 塔釜排残液 | 展示液体精馏操作(二)任务中的塔釜排残液操作 | |
| M5-11 | 正常停车 | 展示液体精馏操作(二)任务中的正常停车操作 | |
| M6-1 | 液-液萃取操作装置流程 | 展示液-液萃取操作装置流程 | |
| M6-2 | 开车准备 | 展示液-液萃取操作任务中的开车准备操作 | |
| M6-3 | 将萃取剂通入萃取塔 | 展示液-液萃取操作任务中的将萃取剂通入萃取塔操作 | |
| M6-4 | 向塔内通空气 | 展示液-液萃取操作任务中的向塔内通空气操作 | |

| 编号 | 信息名称 | 信息简介 | 二维码 |
|------|---------|---------|--------|
| M6-5 | 向塔内加原料 | 展示液-液萃取操作任务中的向塔内加原料操作 | |
| M6-6 | 取样分析 | 展示液-液萃取操作任务中的取样分析操作 | |
| M6-7 | 正常停车 | 展示液-液萃取操作任务中的正常停车操作 | |
| M7-1 | 管路拆装任务描述 | 展示化工管路拆装任务中的管路拆装任务描述 | |
| M7-2 | 水平安装法兰拆卸示范 | 展示化工管路拆装任务中的水平安装法兰拆卸示范 | |
| M7-3 | 竖直安装法兰拆卸示范 | 展示化工管路拆装任务中的竖直安装法兰拆卸示范 | |
| M7-4 | 拆卸后的管路零部件摆放 | 展示化工管路拆装任务中的拆卸后的管路零部件摆放 | |
| M7-5 | 安装法兰垫片 | 展示化工管路拆装任务中的安装法兰垫片操作 | |
| M7-6 | 紧固法兰螺栓 | 展示化工管路拆装任务中的紧固法兰螺栓操作 | |

续表

| 编号 | 信息名称 | 信息简介 | 二维码 |
|---|---|---|---|
| M7-7 | 试漏 | 展示化工管路拆装任务中的试漏操作 |  |
| M8-1 | 有序上塔 | 展示浮阀塔盘拆装任务中的有序上塔操作 | |
| M8-2 | 下塔 | 展示浮阀塔盘拆装任务中的下塔操作 | |
| M8-3 | 钻塔 | 展示浮阀塔盘拆装任务中的钻塔操作 | |
| M8-4 | 出塔 | 展示浮阀塔盘拆装任务中的出塔操作 | |
| M8-5 | 在练习器上练习安装塔板 | 展示浮阀塔盘拆装任务中的在练习器上练习安装塔板操作 | |

# 参 考 文 献

[1] 李洪林主编. 化工单元操作技术. 北京：化学工业出版社，2012.
[2] 冯文成，程志刚主编. 化工总控工技能鉴定培训教程. 北京：中国石化出版社，2008.
[3] 中国石油化工集团公司职业技能鉴定指导中心编. 常减压蒸馏装置操作工. 北京：中国石化出版社，2006.
[4] 齐向阳主编. 化工安全技术. 北京：化学工业出版社，2012.
[5] 侯文顺，张柏钦主编. 化工工艺设计概论. 北京：化学工业出版社，1995.
[6] 简明管道工手册编写组编. 简明管道工手册. 第2版. 北京：机械工业出版社，2001.
[7] HG 20519—92. 化工工艺设计施工图内容和深度统一规定. 化工部化工工艺配管设计技术中心站主编. 1993.
[8] 章克昌，吴佩琮编. 酒精工业手册. 北京：中国轻工业出版社，1989.